知られざる
期待の投資先

こんなに面白い！日本の化学産業

「森林化学」が世界のビジネスを変える

渡部清二 Seiji Watanabe × 中村正治 Masaharu Nakamura

ビジネス社

はじめに

私たち現代人は化学製品に囲まれて過ごしています。もっと言えば、化学製品なくしては生きていけないほど、化学製品に依存して生きています。

まずは身近で目にするもの、手にするものの原材料を見てください。ほとんどの製品の原材料は、カタカナかアルファベットの略語で書かれていると思います。これらのほとんどが化学製品と言っても過言ではありません。

例えば、ユニクロのヒートテックのタグを見ると「ポリエステル」、「アクリル」、「レーヨン」、「ポリウレタン」と書かれていますし、袋ラーメンなどの食料品の袋には「PP（ポリプロピレン）」、「PE（ポリエチレン）」などと書かれ、ペットボトルには正に「PET（ポリエチレンテレフタレート）」と書かれていますが、これらは全て化学製品です。

紙のように見える不織布のマスクでも原材料は「ポリエステル」と書かれていますが、そのような視点で改めて身の回りをみていきますと、歯ブラシ、食品添加物、生薬ではない薬、化粧品、洗剤、各種容器、レジ袋、クレジットカード、靴、パソコン、電気コード、バスタブ、家や車の内装……など、これらは全て化学製品を原料としてできていることに気づくと思います。

一方、株式投資という観点では、これだけ化学製品に囲まれていながら、多くの方が化学の会社はよくわからないとの印象をお持ちではないでしょうか。

ではなぜ身近なのにわからないという事が起こってしまうか？

それは化学の会社は、ほとんどが企業間取引の「B to B」企業だからで、消費者とつながる最終商品を提供する会社に原材料として化学製品を供給しているものの、消費者がよく目にする「B to C」の会社のように身近に感じることがないからだと思います。

加えて、化学の会社は私たちの身近にある製品の黒子役として存在していますが、最終製品にその化学メーカーの社名が出てくることはないですし、先述しているように、製品名が一般的には使わない、カタカナかアルファベットの略語で難しい言葉だらけだからというのも大きな要因でしょう。

しかしながら、化学は日本の「三大モノづくり」の一つですのでとても重要な産業です。『会社四季報』の巻頭ページには上場会社が分類される「東証33業種」という業種別のデータがまとめられていて、その一覧の上段がモノづくりである「製造業」となっています。

2024年1集新春号では製造業の売上高は上位から並べて、1位「輸送用機器（＝自動車）」が128兆円、2位「電気機器（＝家電や半導体など）」が88兆円、そして3位に「化学」が45兆円となっていますが、それが産業の大きさ順ということになります。

ただこの本では、東証33業種で「繊維製品」、「パルプ・紙」、「医薬品」、「石油・石炭製品」、「ゴム製品」に分類される企業の多くも、実質的に化学メーカーであるという「広義の化学」という考え方をしています。といいますのも、ユニクロ製品の原料を供給する東レは「繊維製品」に分類されていますが、ヒートテックに供給している上記の原料は全て化学製品だからです。

この「広義の化学」という考え方に基づくと、実は化学は「輸送用機器（＝自動車）」に次ぐ、日本で2番目に巨大なモノづくり産業になるのです。

そんな巨大な産業にもかかわらず、投資家もよく理解できていないこともあり、株式市場では正当に評価されず、割安で放置されているケースも多いので投資チャンスも大きいといえるでしょう。

だからこそ「化学が面白い」のです。

さらにその化学の世界において、自動車でいう「ガソリンから電気に変わる」以上の大変革を起こそうというのが、中村先生が提唱する「森林化学産業」です。

化学製品は、原油を原料にする「石油化学産業」がほとんどですが、この原料を「原油から森林に変える」というのが「森林化学産業」という考え方です。

ところで、中村先生と私は東京都立西高校の水泳部の同級生でした。夏の合宿では高校の柔道場を寝床に、1日1万5000メートル泳ぐ練習を共にこなし、大学生になって水泳部の後輩のコーチを任された年は、毎日、「反省会」と称して、飲んでは夜通し語り合ってきました。残念ながら学業の成績は共に後ろから数えた方が早いレベルでしたが……。

この本を発刊することになった発端は、2010年10月7日の日経新聞の朝刊でした。

当時、私は野村證券で毎朝の日経新聞の読み合わせをしていましたが、その日は、「クロスカップリング反応」で日本人二氏がノーベル賞を受賞したというニュースが流れていました。その中で「安い鉄触媒　実用化競う」という記事に、「東ソー・ファインケムは、京都大学の中村正治教授と共同で触媒に鉄系材料を使う手法を開発。～中略～チッソも中村教授との共同研究成果を生かし、液晶材の製造に鉄を使う技術を開発中だ」と、ノーベル賞受賞者よりも中村先生の方が凄いような記載があったのです。

それまでは二人で馬鹿ばかりしてきたため、「え！　あのBくんが……（※中村先生のあだ名）」とビックリしましたが、同時にこの日から尊敬の目でみるようになりました。

そして7年ぐらい前に、突然中村先生から携帯に、「わっちゃん（※高校の時のあだ名）、木を溶かそうと思っているんだけど何か一緒にできないか」との連絡が入ったのです。当初はあまりに奇想天外で、何のことかわかりませんでしたが、よくよく聞いてみると次のような内容でした。

- 日本の森林は増え続けているが、これは資源である
- ただ山から伐採して持ってくるには林道が必要で、それは山を荒らすし、そもそも人材もいない
- だったら化学の力でその場で木を溶かして樋で麓に集めればよい
- それは舐めれば甘く、変換すれば燃料になる
- すると、食料自給率とエネルギー自給率を上げられるので国内で完結できる
- よって国際的な紛争に巻き込まれなくてすむ

簡単にいえば、これが「森林化学産業」なのだと私なりに解釈しました。

こんな素晴らしい世界は是非実現してほしいし、もっと多くの方にこの夢のある未来を知ってほしいと思いました。そんな思いが、ビジネス社様そして中澤直樹様のご理解とご協力により、ここに実現することとなりとても感謝しています。

そしてなにより、中村先生と出会って約40年、このような本を共著できることになったことをとても嬉しく感じています。

2024年3月

渡部清二

こんなに面白い！　日本の化学産業

目次

はじめに　3

第1章　日本の化学産業は、自動車、電機と並ぶ「三大ものづくり産業」

第2章　注目の分野は「樹脂」「半導体関連」「環境」

第3章　未来を拓くユニークな化学会社の新技術

第4章 レアメタルが不要になる最先端技術「鉄触媒」とは

第7章 産官学に広がる森林化学産業

第1章

日本の化学産業は、自動車、電機と並ぶ「三大ものづくり産業」

◇製薬も繊維も実態は化学産業

渡部　私はこれまで『会社四季報』を100冊以上読んできました。その際、綿密に企業分析を行ってきたのですが、そこで日本の化学産業の強さをひしひしと感じていました。今回、日本の化学産業をテーマに中村先生と対談したいと考えたのは、近年とくに、その勢いを強く認識するようになったからです。未来の投資先として、日本の化学産業は極めて有望で魅力的です。

中村先生は京都大学化学研究所で、化学業界内で話題の新技術を開発されました。開発した新技術を使って、ベンチャー企業も立ち上げています。化学者であり、起業家でもある中村先生と、日本の化学産業の現状や可能性を議論していきたいと思います。

中村　よろしくお願いします。『会社四季報』から日本の化学産業の強さを感じたというお話ですが、具体的には、どんなところからそれを感じたのですか?。

渡部　まず基本的な話をさせてください。『会社四季報』の巻頭にある「業種別業績展望」

では、掲載する会社を33業種に分けています。この「33業種分類」は、総務省が定める「日本標準産業分類」に準じた体系を持つ業種分類で、証券取引所によって組織された「証券コード協議会」が、上場各社の有価証券報告書の財務諸表や業容を精査して、「食料品」「化学」「医薬品」などの33の業種に振り分けていて、「東証33業種」とも呼ばれます。さらに「業種別業績展望」では33業種を大きな区分として「製造業」「非製造業」「金融」の３つに分け、各企業の売上高や営業利益を載せています。

このうち製造業の売上高を見ると、１位は自動車に代表される「輸送用機器」です。２位は半導体や電機などの「電気機器」、そして３位に来るのが「化学」です。

中村　売上高で化学産業は、製造業全体の３位になるのですね。私も化学の売上げはかなり大きいと思っていて、実感に近い順位です。

渡部　これらが日本の「三大ものづくり産業」です。ちなみに製造業の売上高の合計は約４５０兆円で、これは全産業の49％を占めます。このうち「化学」は約46兆円で、全体の４・９％にあたります。

中村　化学が日本の産業全体の約５％を占めている。大変な数字です。このことはもっと大きい声で言ってほしいですね。私は京都大学で化学を教えていますが、学生たちは化学が「三大ものづくり産業」の一つだなんて知りません。

渡部　「非製造業」まで加えると「卸売」「小売」「情報通信」に押されて6位になりますが、それでもすごいことに違いありません。

中村　しかもこの「化学」に製薬は含みませんよね。

渡部　含みません。製薬は「医薬品」として分類されています。

中村　でも私たち化学研究者から見ると、製薬も「化学」です。

渡部　そうです。繊維も同様の状態にあり、『会社四季報』では「繊維製品」に分類されますが、いまや実態は「化学」です。

中村　王子製紙もそうです。

渡部　王子ホールディングスですね。分類上は「パルプ・紙」です。

中村　先日、王子ホールディングスの新規事業開発部の方と話しましたが、まず驚いたのが売上げの大きさです。王子ホールディングス、日本製紙、大王製紙のトップ3で、パルプ・紙産業の売上げのほとんどを占めています。最近の報道を見ると。王子ホールディングスは、化学の世界にも乗り出そうとしています。

王子製紙では紙をつくるために、木からパルプと呼ばれる植物繊維を取り出しま

東証33業種区分と東洋経済業種区分

	証券コード	正式社名	東証33業種	東洋経済業種
1	5020	ENEOS ホールディングス	石油・石炭製品	燃料・資源
2	5019	出光興産	石油・石炭製品	燃料・資源
3	4188	三菱ケミカルグループ	化学	化学
4	4502	武田薬品工業	医薬品	医薬品
5	4901	富士フイルムホールディングス	化学	電子部品・産業用電子機器
6	4005	住友化学	化学	化学
7	3407	旭化成	化学	化学
8	5021	コスモエネルギーホールディングス	石油・石炭製品	燃料・資源
9	3402	東レ	繊維製品	化学
10	4063	信越化学工業	化学	化学
11	4578	大塚ホールディングス	医薬品	医薬品
12	4183	三井化学	化学	化学
13	3861	王子ホールディングス	パルプ・紙	紙・パルプ製品・他素材
14	4452	花王	化学	トイレタリー・化粧品
15	4503	アステラス製薬	医薬品	医薬品
16	4568	第一三共	医薬品	医薬品
17	4612	日本ペイントホールディングス	化学	化学
18	4204	積水化学工業	化学	住宅建設
19	4004	レゾナック・ホールディングス	化学	化学
20	4091	日本酸素ホールディングス	化学	化学
21	3863	日本製紙	パルプ・紙	紙・パルプ製品・他素材
22	4519	中外製薬	医薬品	医薬品
23	4042	東ソー	化学	化学
24	4631	DIC	化学	化学
25	4088	エア・ウォーター	化学	化学
26	3401	帝人	繊維製品	化学
27	4911	資生堂	化学	トイレタリー・化粧品
28	8113	ユニ・チャーム	化学	トイレタリー・化粧品
29	6988	日東電工	化学	電子部品・産業用電子機器
30	3941	レンゴー	パルプ・紙	紙・パルプ製品・他素材
31	4182	三菱瓦斯化学	化学	化学
32	3405	クラレ	化学	化学
33	4118	カネカ	化学	化学
34	4523	エーザイ	医薬品	医薬品
35	3880	大王製紙	パルプ・紙	紙・パルプ製品・他素材
36	5017	富士石油	石油・石炭製品	燃料・資源
37	4202	ダイセル	化学	化学
38	4613	関西ペイント	化学	化学
39	4208	UBE	化学	化学
40	4528	小野薬品工業	医薬品	医薬品
41	4507	塩野義製薬	医薬品	医薬品
42	4185	JSR	化学	化学
43	3101	東洋紡	繊維製品	化学
44	4151	協和キリン	医薬品	医薬品
45	4401	ADEKA	化学	化学
46	4114	日本触媒	化学	化学
47	4912	ライオン	化学	トイレタリー・化粧品
48	4061	デンカ	化学	化学
49	4205	日本ゼオン	化学	化学
50	4043	トクヤマ	化学	化学

す。そこから一歩進んで、化学技術を用いてナノ繊維をつくったり、グルコースという糖から航空燃料をつくりだす研究をしています。
同様に「食料品」や「石油石炭」なども、化学の力で新しい物質を生み出し、製品を開発するという意味では、全部「化学」になります。

渡部　そのとおりです。そこに気づかないと、経済の本当の姿がわからないし、株式投資もうまくいきません。ところが「三大ものづくり産業」のうち、自動車や電機に注目する人は多くても、化学は遠ざけている人が多い。そこには「化学は難しい」「理系の話はわからない」といった苦手意識もあるかもしれません。でも本当は化学こそが日本産業の胆で、今後の成長銘柄も多いのです。

中村　私もそう思います。

◇広義の化学産業なら売上高の合計は100兆円

渡部　もう一つ見ていただきたいのが、日本の化学会社の2023年7月～2024年6月期の売上高のランキング表です。

日本の化学会社2023年7月～2024年6月期の売上高ランキング

	証券コード	正式社名	今期売上高
1	4188	三菱ケミカルグループ	4,555,000
2	4901	富士フイルムホールディングス	2,950,000
3	4005	住友化学	2,900,000
4	3407	旭化成	2,840,000
5	4063	信越化学工業	2,300,000
6	4183	三井化学	1,850,000
7	4452	花王	1,580,000
8	4612	日本ペイントホールディングス	1,450,000
9	4204	積水化学工業	1,294,000
10	4004	レゾナック・ホールディングス	1,270,000
11	4091	日本酸素ホールディングス	1,230,000
12	4042	東ソー	1,080,000
13	4631	DIC	1,060,000
14	4088	エア・ウォーター	1,050,000
15	4911	資生堂	1,000,000
16	8113	ユニ・チャーム	963,500
17	6988	日東電工	935,000
18	4182	三菱瓦斯化学	840,000
19	3405	クラレ	810,000
20	4118	カネカ	780,000
21	4202	ダイセル	572,000
22	4613	関西ペイント	550,000
23	4208	UBE	530,000
24	4185	JSR	442,000
25	4401	ADEKA	426,000
26	4114	日本触媒	420,000
27	4912	ライオン	410,000
28	4061	デンカ	405,000
29	4205	日本ゼオン	390,000
30	4043	トクヤマ	380,000

中村　1位は三菱ケミカルですね。しかもダントツです。売上高の4兆5000円は、2位の富士フイルムの3兆円を大きく凌ぎます。富士フイルムはかつてダイセルの子会社でしたが、そのダイセルは21位です。

そしてランキング上位には、7位の花王や16位のユニ・チャームなど一般の人が知っている会社も多くありますね。

渡部　花王とユニ・チャームは、「東証33業種」では「化学」ですが、別の分類で東洋経済新報社が独自に分類する東洋経済業種分類では「トイレタリー・化粧品」に分類されています。

中村　花王やユニ・チャームは、BtoCの会社ですからね。一方で1位の三菱ケミカルは、BtoCビジネスがあまりありません。その点で成功したのが2位の富士フイルムです。化学技術を使って、「アスタリフト」という商品で化粧品分野に参入した。化粧品や医薬品で利益を上げていますね。

渡部　また、原油の蒸留によって得られるナフサを使うビジネスという点では、ランキングには入っていませんが、ENEOSホールディングスや出光興産も化学産業です。同じように「パルプ・紙」の王子ホールディングスや日本製紙も化学産業、「繊維製品」の東レや帝人も、つくっているのはほぼ合成繊維や炭素繊維なので化学産業なのです。

これら『会社四季報』で「石油・石炭製品」「パルプ・紙」「繊維製品」「医薬品」などに分類されるけれど、私が化学産業に値すると考える上場企業は、全部で３３３社になります。「化学」だけだと２１７社ですから、約１・５倍です。これら３３３社の売上高の合計は１００兆円になります。

「電気機器」の総額は91兆円ですから、このように見ると化学産業のほうが大きくなります。１位の「輸送用機器」は１２０兆円ですから、いわば１００兆円前後の産業が３つあることになるのです。

中村　その３つの塊が、日本経済を支えている。まさに「三大ものづくり産業」です。

渡部　そうです。

中村　しかも化学産業の会社のビジネスは基本的にＢtoＢです。化学産業の会社がつくった素材が、たとえば自動車会社で使われている。自動車会社は化学の力でできた素材を使って自動車をつくり、販売しています。これは利益、つまり付加価値が連鎖的に増えていることを意味します。

そこで思い出すのが、一般社団法人日本化学工業協会が出している『グラフで見る日本の化学工業』のデータです。２０２３年版を見ると、付加価値の総額の1位は「広義の化学工業」です。出荷額で見ると「輸送用機械器具」の約63兆円に対し、約48兆円と2位になりますが、付加価値では1位です。

この「広義の化学工業」が、いま言われた石油・石炭や紙・パルプを合わせた化学産業と、ほぼ同じだと思います。その化学産業の付加価値総額が約18兆円、輸送用機器が約16兆円、３位は食料品で約10兆円です。

しかも化学産業の18兆円は、売上高48兆円に対するもので、これはかなり高いです。輸送用機器は売上高が63兆円なのに、付加価値は16兆円しかない。輸送用機器、つまり自動車産業は原材料費をかなり使っていますが、そのうち化学産業に払う費用もかなり大きいのです。

また食料品は、売上高にあたる出荷額が約30兆円なのに対し、付加価値額は約10兆円と、これも自動車より高いです。食料品は、基本的に田畑で育てたものを使って生産しているので、付加価値が高くなりやすいのです。化学産業も原材料は石油や石炭など自然のものだから、やはり付加価値が高いというわけです。

渡部　化学産業の売上高48兆円に対し、付加価値額の18兆円は確かにものすごく高いですね。

◇営業利益率が高い医薬品産業

中村　ただ『会社四季報』で「化学」に分類される会社だけを見ると、営業利益率は１ケタから10％前後のところも多いですね。信越化学工業は約30％と突出していますが、かなり少数派です。このあたりの理由を伺えますか。

渡部　２０２３年４集秋号の段階で、『会社四季報』で分類される33業種のうち、一番営業利益率が高いのは「医薬品」の13・7％です。次が「精密機器」の13・5％、「その他製品」が10・3％、「ゴム製品」が９・８％、「機械」が９・７％、「電気機器」が８・６％、「化学」が７・９％と続きます。製造業16業種の中で、「化学」は７位になるわけです。

中村　少し低いですね。

渡部　ちなみに「石油・石炭製品」は、営業利益率が２・４％しかありません。

中村　ものすごく低いですね。それでも売上げが大きいから、金額としては大変巨額になります。

渡部　そうですね。また売上げの比率も、精製より卸売の部分が大きいと思います。

中村　ＪＸ石油開発やＥＮＥＯＳといった石油会社のコンビナートと、三菱ケミカルなどのプラントはつながっています。石油会社が精製した石油製品は、そのまま化学産業の会社のプラントに送り出されるのです。

　このときの価格は、たとえばエチレンなら1キロ１１０円ぐらいです。それを、たとえば三菱ケミカルがポリエチレンという製品にすると、１キロ１４０円ぐらいに高まります。さらにいろいろ変化させて、エポキシ樹脂など接着剤にすると、１キロ１０００円にもなる。そういう世界です。

　つまり石油会社は膨大な量を供給するので、利益率はどうしても低い。安くたくさん売るイメージです。ガソリンも同じで、税金がいろいろ上乗せされているので高く感じますが、本来は1リットル80円ぐらいです。

　そういう視点で営業利益率を見ていくと、中外製薬、小野薬品工業、塩野義製薬などがいずれも30％超で、やはり「医薬品」で高い会社が多いです。再生医療のセルソースも30％を超えていて、再生医療分野も利益率が高いです。

一方で「化学」は営業利益率10％を切る会社が多い。日産化学は例外で、23％と高い。この会社は昔、人工肥料をつくっていました。さらに、コンビナートとつながった石油化学部門も持ち、樹脂類の生産もおこなってましたが、現在では手放しました。この20年ほどは、高収益の電子材料などに特化して業績を向上させ、それがこの利益率につながっているのだと思います。

そうした中で信越化学工業の30％超は、かなり際立っています。シリコンの材料になるケイ素を扱っているので、半導体関係の引き合いもかなり多いと思います。

渡部　『会社四季報』をもとにした広義の化学産業で見ると、営業利益の合計は約７兆円、営業利益率は６・９％と、あまり高くありません。一方で東洋経済業種分類の「化学」と「医薬品」を見ると、２つを合わせた営業利益率は８・８％と上がります。

そして営業利益率が高い化学会社は、上から順に信越化学工業、デクセリアルズ、ＪＣＵ、日産化学と続きます。信越化学工業以外はニッチな会社です。

中村　一般的な「化学」で見ると、低い会社が多い。その中で信越化学工業など一部の例外を除き、ニッチな会社が狙い目という感じですね。逆に大手で考えるなら、『会社

営業利益・営業利益率

	証券コード	正式社名	東証33業種	今期売上高	今期営業利益	今期営業利益率
32	3405	クラレ	化学	810,000	84,000	10.4%
33	4118	カネカ	化学	780,000	34,000	4.4%
34	4523	エーザイ	医薬品	712,000	50,000	7.0%
35	3880	大王製紙	パルプ・紙	700,000	18,000	2.6%
36	5017	富士石油	石油・石炭製品	688,000	7,600	1.1%
37	4202	ダイセル	化学	572,000	53,000	9.3%
38	4613	関西ペイント	化学	550,000	44,000	8.0%
39	4208	UBE	化学	530,000	28,000	5.3%
40	4528	小野薬品工業	医薬品	492,000	170,000	34.6%
41	4507	塩野義製薬	医薬品	450,000	150,000	33.3%
42	4185	JSR	化学	442,000	40,000	9.0%
43	3101	東洋紡	繊維製品	430,000	15,000	3.5%
44	4151	協和キリン	医薬品	426,000	85,000	20.0%
45	4401	ADEKA	化学	426,000	36,000	8.5%
46	4114	日本触媒	化学	420,000	18,000	4.3%
47	4912	ライオン	化学	410,000	25,000	6.1%
48	4061	デンカ	化学	405,000	28,000	6.9%
49	4205	日本ゼオン	化学	390,000	28,500	7.3%
50	4043	トクヤマ	化学	380,000	30,000	7.9%
51	4506	住友ファーマ	医薬品	362,000	-78,000	赤字
52	7988	ニフコ	化学	360,000	40,000	11.1%
53	4581	大正製薬ホールディングス	医薬品	330,000	19,500	5.9%
54	4634	artience	化学	330,000	11,000	3.3%
55	4922	コーセー	化学	310,000	22,500	7.3%
56	3865	北越コーポレーション	パルプ・紙	310,000	11,500	3.7%
57	4203	住友ベークライト	化学	296,000	29,000	9.8%
58	4536	参天製薬	医薬品	275,000	32,000	11.6%
59	4527	ロート製薬	医薬品	270,000	39,000	14.4%
60	4206	アイカ工業	化学	248,000	21,500	8.7%
61	4021	日産化学	化学	237,300	54,700	23.1%

化学産業の会社の売上高・

	証券コード	正式社名	東証33業種	今期売上高	今期営業利益	今期営業利益率
1	5020	ENEOS ホールディングス	石油・石炭製品	13,400,000	340,000	2.5%
2	5019	出光興産	石油・石炭製品	8,300,000	140,000	1.7%
3	4188	三菱ケミカルグループ	化学	4,555,000	239,000	5.2%
4	4502	武田薬品工業	医薬品	3,840,000	349,000	9.1%
5	4901	富士フイルムホールディングス	化学	2,950,000	290,000	9.8%
6	4005	住友化学	化学	2,900,000	0	0.0%
7	3407	旭化成	化学	2,840,000	150,000	5.3%
8	5021	コスモエネルギーホールディングス	石油・石炭製品	2,670,000	123,500	4.6%
9	3402	東レ	繊維製品	2,560,000	110,000	4.3%
10	4063	信越化学工業	化学	2,300,000	700,000	30.4%
11	4578	大塚ホールディングス	医薬品	1,905,000	245,000	12.9%
12	4183	三井化学	化学	1,850,000	115,000	6.2%
13	3861	王子ホールディングス	パルプ・紙	1,800,000	100,000	5.6%
14	4452	花王	化学	1,580,000	60,000	3.8%
15	4503	アステラス製薬	医薬品	1,520,000	259,000	17.0%
16	4568	第一三共	医薬品	1,450,000	135,000	9.3%
17	4612	日本ペイントホールディングス	化学	1,450,000	158,000	10.9%
18	4204	積水化学工業	化学	1,294,000	100,000	7.7%
19	4004	レゾナック・ホールディングス	化学	1,270,000	-20,000	赤字
20	4091	日本酸素ホールディングス	化学	1,230,000	140,000	11.4%
21	3863	日本製紙	パルプ・紙	1,230,000	24,000	2.0%
22	4519	中外製薬	医薬品	1,200,000	388,000	32.3%
23	4042	東ソー	化学	1,080,000	95,000	8.8%
24	4631	DIC	化学	1,060,000	25,000	2.4%
25	4088	エア・ウォーター	化学	1,050,000	70,000	6.7%
26	3401	帝人	繊維製品	1,050,000	35,000	3.3%
27	4911	資生堂	化学	1,000,000	47,000	4.7%
28	8113	ユニ・チャーム	化学	963,500	137,500	14.3%
29	6988	日東電工	化学	935,000	150,000	16.0%
30	3941	レンゴー	パルプ・紙	930,000	47,000	5.1%
31	4182	三菱瓦斯化学	化学	840,000	46,000	5.5%

四季報』の分類とは違う、広義の化学産業で見ることが大事ということでもあります。

◇なぜ化学産業は自動車、電機より知られていないのか

渡部 本来の化学産業に成長銘柄が多い理由は、バリューチェーン（価値連鎖）で考えるとわかりやすくなります。大まかにいうと、まず「素材」があり、これを輸入するのが「商社」です。商社は一番川上の総合商社だけでなく、専門商社と呼ばれる存在も間に入ります。日本独特の商習慣です。

中村 そうですね。

渡部 商社が輸入した素材を、加工したり組み立てたりするのが「製造業」で、できた製品は「小売」を通じて、「消費者」のもとに届く。さらに全体に関わる存在として「サービス」があり、製造業、小売、消費者、それぞれに対するサービスがあります。

その一方で、金融インフラと呼ばれる「銀行」「証券」「保険」があります。企業は銀行からお金を借りたり、保険会社に保険をかけたり、証券会社を通じて資金を調達

したりして、資金を回します。この銀行や保険会社、証券会社の原資となるのが、消費者の預金や消費者が支払う保険料、株式に投資したお金です。

中村　なるほど、そういう流れで日本の経済は動いているのですね。

渡部　ちなみに非製造業の売上高は約４００兆円です。非製造業には公共インフラも含まれます。鉄道や電力、ガスのほか、企業ではありませんが役所や警察署のような施設も公共インフラで、ここに携わる企業も入ります。さらに金融の売上げは約67兆円です。

これら製造業、非製造業、金融をすべて合わせると、約９００兆円になります。これが上場会社の総売上高です。

中村　これは日本全体の何割ぐらいですか？

渡部　7割ぐらいです。つまり7割程度の日本を表した数字です。

もう一つ注目したいのが営業利益です。製造業だけで、産業全体の49・3％とほぼ半分を占めます。これを見ても、日本が「ものづくりの国」であることがわかります。１位の「輸送用機器」は12・2％、2位の「電機機器」は11％です。

これと比較して面白いのが非製造業です。１位の「情報通信」は12・5％ですが、

２位の「卸売」は８・４％しかありません。売上高は１２３兆円あるけれど、営業利益は４・８兆円程度しかない。

中村 かなり少ないですね。

渡部 卸売の場合、ものを仕入れて販売するだけです。だから売上げは大きくなっても、付加価値は少ないのです。

中村 だから利益をあまり乗せられないのですね。

渡部 つまり日本の構図は、まず「ものづくりの国」。その中で存在が大きいのが輸送機器。

中村 自動車。トヨタなどですね。

渡部 次が電機で、ソニーやパナソニック、村田製作所など。

中村 半導体もここに入ります。

渡部 そして3位が化学です。いわばトヨタとソニーの次に来るのが化学で、ここからも存在感の大きさがわかります。

しかもすでに述べたように、『会社四季報』で分類される「化学」だけではない。「繊維」や「紙・パルプ」も、いまや化学産業です。そう考えると3位どころではない。実態はもっと大きい。それが目立たない大きな理由が、いま述べたバリューチェーンです。

問題は最後の消費者への流れ、つまりＢ to Ｃです。自動車も電機もＢ to Ｃのビジネスを持っています。ところが化学にはほぼない。つまり存在が見えない。だから一般の人たちからすれば、「わからない産業」という話になってしまう。

中村　そう、そこは大きな問題です。学生さんと就職先の相談するときも、化学会社だと「そんな会社、親も知りません」「ＣＭ流れてませんね？」という話になるものです。知らない会社では親御さんも喜ばないと。

渡部　だから、そこをわかりやすく伝えなければいけない。

中村　確かに大事なことです。

◆日本は〝隠れた〟マテリアル大国

渡部　化学産業や化学会社を知るには、投資家の視点で見るのも一つです。『会社四季報』で化学産業の会社の業績や特徴を見ると、「こんなにすごいのか」と驚くことがあります。たとえば電気コードがありますね。これは塩化ビニール（塩ビ）でできています。

中村 企業でいえば、東ソーや信越化学工業が頭に浮かびますね。

渡部 その塩ビで、信越化学工業は世界シェアが1位です。つまり世界一の会社なのです。

中村 鹿島の工場見学をしたことがありますが、世界一とは知りませんでした。じつは、世界一という化学会社は、ほかにもいろいろありそうですね。

渡部 ニッチな世界では、たくさんあります。ただ基礎的な材料における世界一は、たぶん信越化学工業ぐらいです。

中村 私が思い浮かべたのは半導体です。自動車産業の売上高は1位という話でしたが、自動車をつくるには化学産業の会社から、いろいろな部品や材料を買う必要があります。半導体の原料もその一つで、２０２３年6月には半導体材料メーカーのＪＳＲの株が高騰して話題になりました。同じく半導体材料メーカーのトリケミカル研究所も、この頃からどんどん上がっていますね。

渡部 先ほど金融はいろいろな企業と関わっていると述べましたが、じつは化学もそうなのです。素材や組み立てといった部分で、すべての製造業と関わっているように思います。

中村　金融がお金で企業を下支えしているのに対し、化学は素材で製造業を下支えしている。すべてのマテリアル（原料）の基盤は、日本の化学産業がつくっているというわけですね。面白い見方です。

いま塩ビで信越化学工業は世界一という話が出ましたが、塩ビを基礎的な材料と考えたとき、思い当たることがあります。経済産業省が出している世界の化学産業の売上高ランキングを見ると、日本は3位で、1位はアメリカ、2位は中国、そして4位がドイツです。アメリカと中国が競っていますが、10年ほど前まで日本はアメリカに次ぐ2位でした。アメリカ、日本、ドイツ、中国の順でした。

その順位が変わるのは、中国が国策でシノペック（中国石油化工集団）などに莫大なお金をつぎ込みだしたからです。これでいっきにドイツと日本を追い抜いたのです。とはいえ日本の化学産業は、いまだ世界3位です。自動車産業は世界一ですが、3位だって十分すごい。

それなのに日本の化学産業が目立たないのは、世界の化学産業はシノペックやドイツのＢＡＳＦな米国のダウなど、巨大な会社が多いからです。日本の会社は、世界の化学産業の会社の売上高トップ10に入っていません。

２０２３年発表の売上げ世界ランキングでは、最上位が14位の三菱ケミカル、次が信越化学工業の20位です。20位までに2社しか入らず、次が住友化学の30位です。50位までで見ても、日本の会社は東レ、三井化学、旭化成と僅かです。

なぜかというと日本には、化学産業の会社が２０００社以上もあるからです。そして上場していない小さな町工場も含めて、どこもすごい技術力を持っている。つまり日本はものすごい化学技術を持った会社が多いマテリアル大国なのに、一つひとつの規模が小さい。そのため企業ランキングで見ると、そのすごさが隠されてしまうのです。

◇日本が重視すべきは〝川下〟の化学産業

渡部　いまのお話と関連して、私が独自につくった化学産業の構造を示すチャートがあります。化学の中でも「石油化学」に絞ったもので、石油化学産業の川上から川下までの流れを示しています。

中村　原油から始まって、最後はシャンプーや学生服といった製品に至る。わかりやすい図ですね。

渡部　これに従って解説すると、まず川上に原油があります。これを蒸留することでガソリンやジェット燃料、重油などができる。その中の一つがナフサで、ナフサは石油化学製品の最も基礎となる液体です。これが次の段階であるエチレン、プロピレン、ベンゼンなどに変化します。このナフサやエチレンの世界で、日本は一番ではない。

中村　そう。完全に負けています。

渡部　この表を右に進むほど細分化されて、製品に近づきます。そして製品の部分では、信越化学工業の塩ビなど、日本企業がトップを取るケースが多い。ただし化学産業全体として見ると、ニッチな部分になるわけです。

中村　表の中ほどにある、塩ビモノマー、酢酸ビニル、キュメンなどは、すべてマテリアルで、製品になる直前の段階の「化学原料」ですね。その種類と質において、日本はほぼ世界一ではないでしょうか。

渡部　そう考えたとき、化学産業の中でも、エチレン、プロピレンといった、川上に近い

一覧

複眼経済塾作成

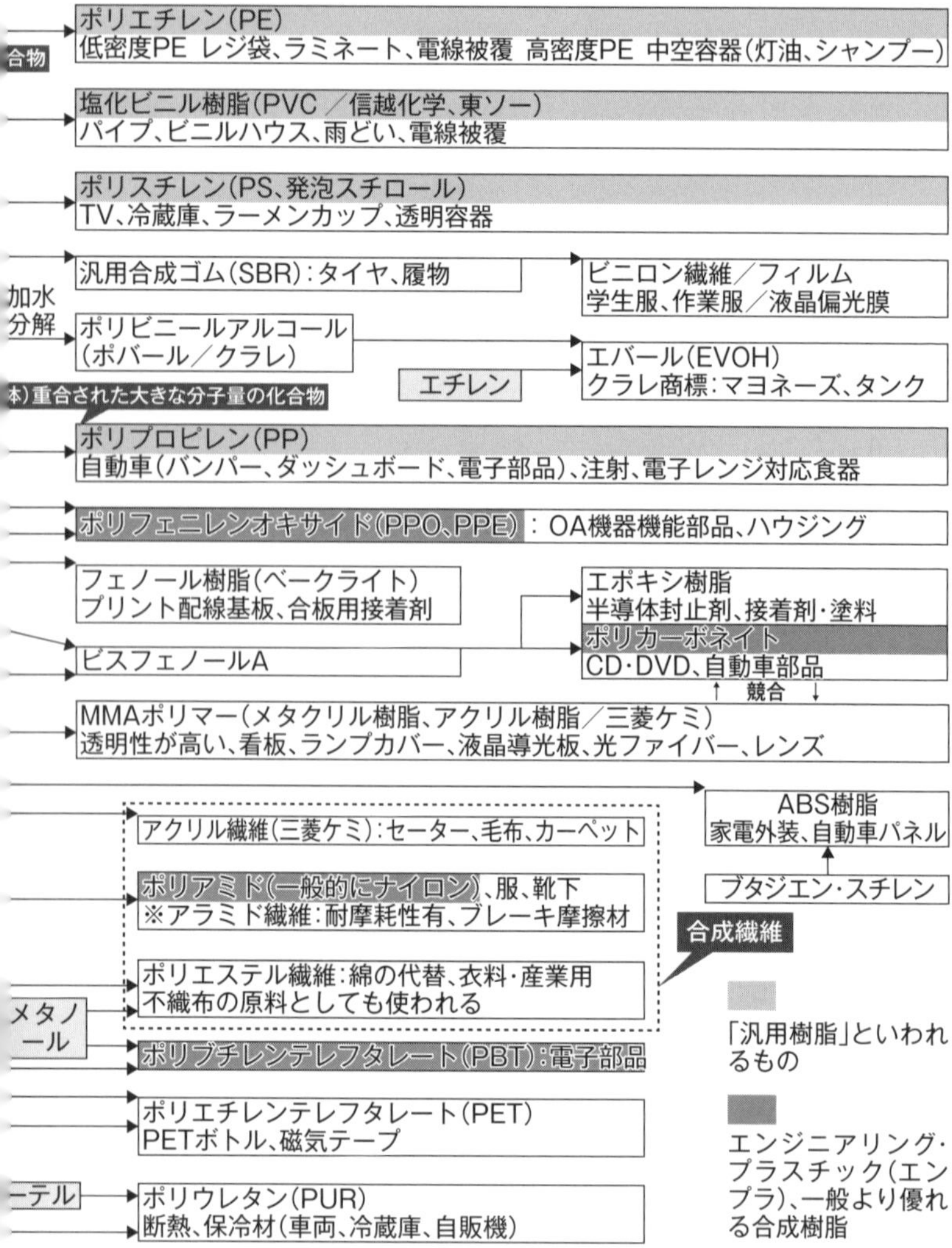

合物

ポリエチレン(PE)
低密度PE レジ袋、ラミネート、電線被覆 高密度PE 中空容器(灯油、シャンプー)

塩化ビニル樹脂(PVC ／信越化学、東ソー)
パイプ、ビニルハウス、雨どい、電線被覆

ポリスチレン(PS、発泡スチロール)
TV、冷蔵庫、ラーメンカップ、透明容器

汎用合成ゴム(SBR):タイヤ、履物

ビニロン繊維／フィルム
学生服、作業服／液晶偏光膜

加水分解

ポリビニールアルコール
(ポバール／クラレ)

エチレン

エバール(EVOH)
クラレ商標:マヨネーズ、タンク

体)重合された大きな分子量の化合物

ポリプロピレン(PP)
自動車(バンパー、ダッシュボード、電子部品)、注射、電子レンジ対応食器

ポリフェニレンオキサイド(PPO、PPE):OA機器機能部品、ハウジング

フェノール樹脂(ベークライト)
プリント配線基板、合板用接着剤

ビスフェノールA

エポキシ樹脂
半導体封止剤、接着剤・塗料

ポリカーボネイト
CD・DVD、自動車部品

↑ 競合 ↓

MMAポリマー(メタクリル樹脂、アクリル樹脂／三菱ケミ)
透明性が高い、看板、ランプカバー、液晶導光板、光ファイバー、レンズ

ABS樹脂
家電外装、自動車パネル

ブタジエン・スチレン

アクリル繊維(三菱ケミ):セーター、毛布、カーペット

ポリアミド(一般的にナイロン)、服、靴下
※アラミド繊維:耐摩耗性有、ブレーキ摩擦材

ポリエステル繊維:綿の代替、衣料・産業用
不織布の原料としても使われる

合成繊維

メタノール

ポリブチレンテレフタレート(PBT):電子部品

ポリエチレンテレフタレート(PET)
PETボトル、磁気テープ

ーテル

ポリウレタン(PUR)
断熱、保冷材(車両、冷蔵庫、自販機)

「汎用樹脂」といわれるもの

エンジニアリング・プラスチック(エンプラ)、一般より優れる合成樹脂

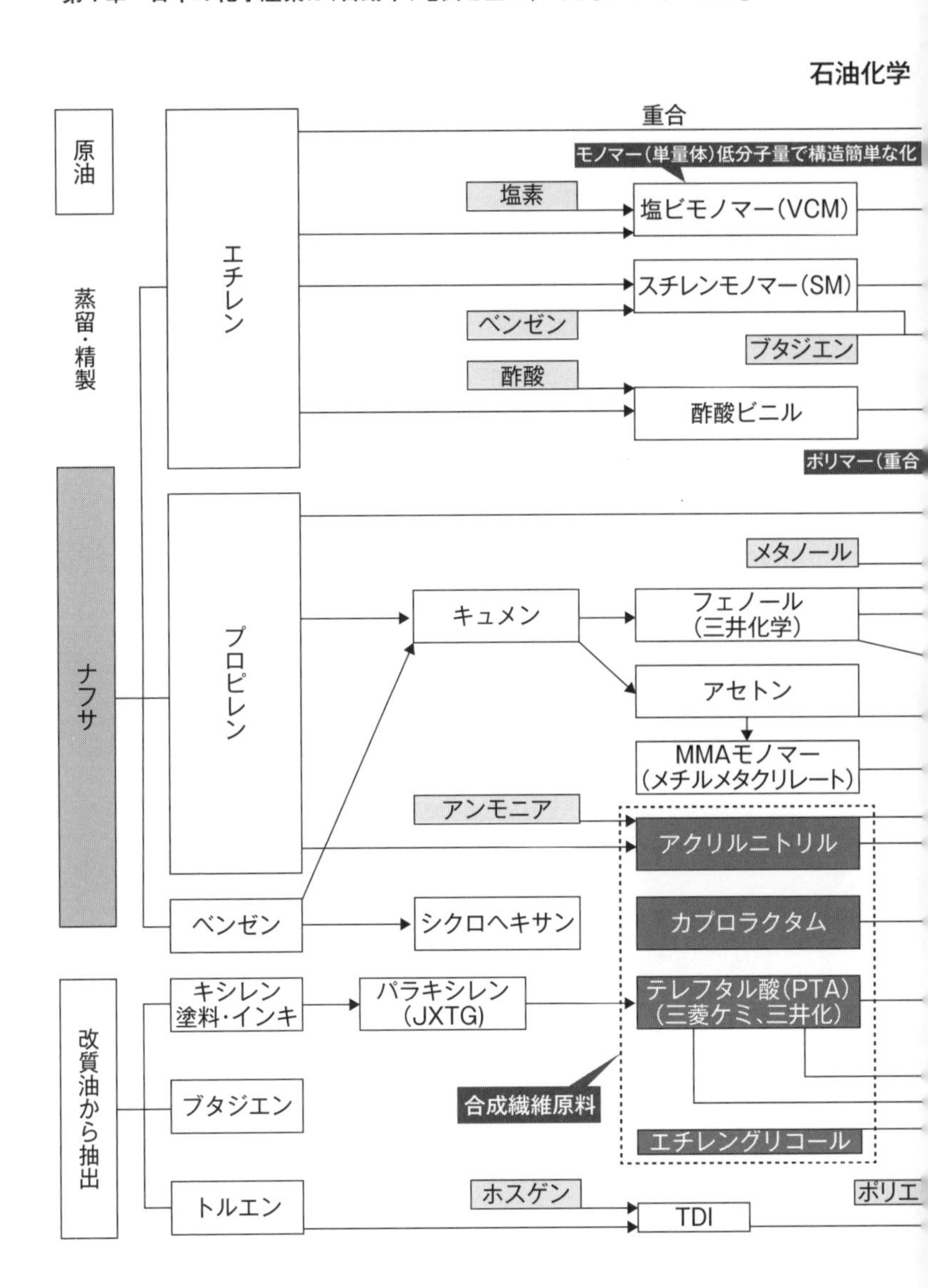
石油化学
原油
蒸留・精製
ナフサ
改質油から抽出
エチレン
プロピレン
ベンゼン
キシレン
塗料・インキ
ブタジエン
トルエン
重合
モノマー（単量体）低分子量で構造簡単な化
塩素
塩ビモノマー（VCM）
スチレンモノマー（SM）
ベンゼン
ブタジエン
酢酸
酢酸ビニル
ポリマー（重合
メタノール
キュメン
フェノール
（三井化学）
アセトン
MMAモノマー
（メチルメタクリレート）
アンモニア
アクリルニトリル
シクロヘキサン
カプロラクタム
パラキシレン
（JXTG）
テレフタル酸（PTA）
（三菱ケミ、三井化）
合成繊維原料
エチレングリコール
ホスゲン
TDI
ポリエ

原材料の部分は、それほどシェアを取らなくていいと思うのです。原材料を扱う会社は、大量につくって安く供給します。高度な技術は不要で、日本はそうした会社と仲良くするだけでいい。自分たちが取って代わる必要はない。

一方、加工段階が一つ上がった塩ビモノマー、スチレンモノマーなどは、高度な製造精製技術が求められます。トヨタが自動車の売上高ランキングで世界一であるように、日本はものづくりに秀でています。だから化学産業も、ものづくり、つまり加工技術の部分が強い。

いま化学産業で「日本はダメ」と言われるのは、原材料の部分がオール輸入だからです。製品に近い部分で見れば、日本の化学産業は非常に強いのです。

中村 ただ気になるところもあります。いま化学産業の会社で世界一はドイツのBASFです。BASFは21世紀以降の世界戦略として、インド、中国、東アジア、南米など、世界の7カ所程度に石油精製の拠点をつくると発表しています。ここで原油を蒸留・精製して、ナフサという化学製品の原料をつくる。

この拠点の中に日本は入っていません。日本にはBASFジャパンという子会社があるので、ここで働いている人たちはどういうビジネスモデルを国内で展開するのか興味深いですね。

また、これまで日本はサウジアラビアをはじめ、いろいろな国から石油を輸入してきました。その量が、だんだん減っているのです。昔は2億2000万トンぐらいあったものが、いまは1億6000万トンぐらいまで下がっています。

渡部　その2億トンは、世界のどれぐらいを占めますか？

中村　世界トータルでは20億トンですから、そのうち10％ぐらいを日本は持ってきていることになります。ここで問題となるのが、化成品原料となるナフサです。2億トンの原油から2000万トン、つまり10分の1がナフサになります。残りのほとんどはガソリンや燃料として使います。

でもガソリン需要が減っているので、輸入する原油の量も減っている。石油会社が合併などで、数が減っているのもそのためです。

つまり輸入する原油の量が減るのに伴い、原油から取れるナフサの量も減り、日本だけでは足らなくなっています。それで韓国やシンガポールなど、石油化学産業があるところから2000万トンぐらいを買っています。それでようやく日本の化学産業は成り立っているのです。

渡部　川上では、そういう問題が起きているのですね。

中村　そう。石油会社が輸入しないとナフサができず、化学産業も立ち行かない。

渡部　一方で石油会社には化学の技術がないから、化学産業の会社にナフサを売らないと生き残れない。

中村　だからお互い、仲良くしているのです。

渡部　その構造を理解していることが大事です。多くのメディアはそこを言わず、あたかも石油会社が、すべての決定権を握っているように報じています。実際は化学産業と共存関係にあり、化学産業に左右される部分も大きいのです。

韓国の半導体産業が日本の輸出規制でフッ化水素が手に入らず、良質な半導体がつくれないのにも似ています。つまりその産業や会社の重要性は、付加価値まで見て、初めて見えてくる。金額やシェアは小さくても、産業全体への影響力は化学産業のほうが大きいのです。

◇ナフサは、いわば〝小麦粉〟と同じ

中村　川上にいる石油会社がたいしたことはないというのは、原油の値段を見てもわかります。なにしろ原油の値段は、１キロが80円程度です。１キロが80円のものなど、ほかの原料にありません。

一方でエチレンやポリエチレンは、１キロが１５０円ぐらいです。そしてポリカーボネイトの原料になるビスフェノールAだと、１キロが２５０円ぐらいになります。ポリカーボネイトは新幹線の窓やヘルメット、水族館の分厚い水槽などに使われる素材です。

渡部　日本が強い素材には、どんなものがありますか？　まず浮かぶのは塩ビですね。先に述べたように信越化学工業のシェアは世界一です。

中村　ポリエチレンも昔は強かったです。三菱ケミカルなどが日本独自の重合技術を持ち、この世の春を謳歌していました。ただし、いまは生産量がどんどん落ちています。昔は日本から１０００万トンを世界に輸出していましたが、中国でつくったほうが安いので、みんな中国から輸入するようになっています。日本製のポリエチレンは国内でしか使われておらず、生産量も年間６００万トン程度で最盛期のほぼ半分です。

渡部　塩ビの用途はレジ袋やシャンプーボトルなどだから、付加価値的にはたいしたことがないですね。

中村　いえ、じつは塩ビはすごいのです。引張りや圧縮、せん断などの外力に対する耐久性を表す機械物性（機械的物性値）が高いですから。

渡部　だから電線被覆にも使われている。

中村　そうです。燃えにくいし。

渡部　ほかの素材としては、ポリスチレンが「カップ麺」の容器に使われますね。

中村　いまは紙に変わりだしていますが……。

渡部　確かに時代の流れはそうです。

中村　だから需要が減っています。ポリスチレンではなく、別のものを使おうという意識が強いです。

渡部　汎用合成ゴム（ＳＢＲ）はどうですか？

中村　タイヤだから、もう少し使われています。合成ゴムが強かったのはＪＳＲですが、あまり儲からないので、いまはフォトレジスト（化学薬品の一種）など、半導体の製造で使うものに重きを置いています。

渡部　合成ゴムは、天然ゴムの分子構造を科学的に合成してつくったゴムですね。エチレンやプロピレンも似たところがあります。

中村　天然に存在するゴムの分子構造を、そのとおりに合成したものです。

渡部　エチレンやプロピレンも、ナフサからつくられますね。私のイメージでは、ナフサは小麦粉と同じなのです。加工によってラーメンになったり、うどんになったりする。小麦粉に卵を混ぜるとお好み焼きができるし、水で練っていくと肉まんの皮になる。

ここで大事なのは、小麦粉でどんな料理をつくるかです。おいしい料理ほど付加価値が高くなります。日本の化学産業が目指すべきは、付加価値のつく〝おいしい料理〟なのです。

たとえばペットボトルは、ポリエチレンテレフタレート（ＰＥＴ）が原料です。ＰＥＴはエチレングリコールやテレフタル酸を加工したものです。エチレングリコールやテレフタル酸は、合成繊維の材料になります。そしてＰＥＴはポリエステル繊維の原料です。

つまりペットボトルを少し遡って、ちょっと加工すればポリエステル繊維になる。

ペットボトルが再利用できるのは、こうした流れがあるからです。

中村　ポリエステル繊維のすごさは分子構造にあります。原料のテレフタル酸はもともと塊で、それを一回溶剤で溶かして糸にしたのがポリエステル繊維です。このときの紡糸技術がすごくて、三次元構造なのです。

昔の糸は水を吸わないし、服にすると肌触りも悪い。ところが細かい三次元構造の糸を使うことで、着心地がよく速乾性の高い服になるのです。

渡部　つまり同じ繊維でも、それを三次元構造の糸にする技術があるかどうかで、高付加価値がつくかどうかが決まるわけですね。

中村　だから繊維会社はＰＥＴを手に入れ、自社の高度な紡糸技術で高機能の糸をつくり、その糸をアパレルメーカーに買ってもらうのです。ただし国産の糸は、たとえばユニクロでさえもう使っていません。似たような糸を海外で、より安く調達する。そのような構図になっています。

◇エチレンを重合してできるポリエチレン

渡部　ＰＥＴをはじめ合成繊維の原料には、アクリルニトリル、カプロラクタム、テレフタル酸、エチレングリコールの４つがあります。これらからアクリル繊維、ナイロン、ポリエステル繊維などができる。まさに化学のど真ん中の産業です。ところが『会社四季報』の分類では、すでに述べたように「繊維」に分類されます。

中村　確かに変な話で、たとえばアクリルニトリルはカーボン繊維の材料です。アクリルニトリルを繊維化して編み込んで焼くと、カーボン繊維になる。飛行機の機体に使われることで有名で、これにより機体の重量は大きく軽量化されました。旭化成が非常に強い分野です。

アクリルニトリルはＰＡＮとも呼ばれ、これはポリ・アクリル・ニトリルの略です。

渡部　なるほど、ポリ（ポリマー）がつくのですね。

中村　そう。ポリマーは重合体のことで、小さな分子を結合することで生まれる高分子です。ポリマーをつくる作業を重合といい、アクリル繊維もポリ・アクリロニトリルで、これは三菱ケミカルがつくっています（２０２３年末を目処に撤退。東レと日本エクスラン工業は継続）。

渡部　いま「重合」という言葉が出ましたが、もっと簡単にいうと1粒だったものを2粒にする作業ですね。

中村　数珠つなぎみたいな感じです。

渡部　これをポリといい、エチレンを重合したものがポリエチレン、プロピレンを重合したものがポリプロピレンになる。ポリプロピレンは自動車のバンパーやダッシュボードなどに使われます。重合という作業を加えることで、より付加価値の高い製品になるのです。

またテレフタル酸はペットボトルの原料ですが、ペットボトルを再びテレフタル酸に戻して繊維化すると、アクリル繊維にもできます。素材そのものはペットボトルと同じですが、アクリル繊維にすることで、汗をよく吸う服になる。そこには日本の技術が使われているのです。

中村　われわれ研究者は素材の物性に興味があり、人間にとってどんな価値があるかまでは、考えが及ばないことが多いです。とはいえ化学技術がどのように活きているかを伝えるのも、本来はわれわれの役目です。

それでいうと私が始めたベンチャー企業は、森林資源を触媒を用いて別の有用物質に変えるという取り組みも行っています。いま木の値段は安いですが、木を化学的に変化させることで、いくらでも付加価値の高いものになります。ありふれた木を必要な物質に変化させ、同時に山林の価値も上げるというビジネスモデルです。

渡部　その話は原油を蒸留してナフサにして、様々な化学製品の原点を原油の代わりに木を使うということですよね。

中村　そうです。ナフサの代わりに、木粉を使います。

渡部　木を粉やチップ化し、これを化学変化させることで、さまざまな燃料や製品がつくれるのですね。

◇塩化ビニルの半分は塩

中村　私のビジネスモデルは木を汎用性の高い素材として使うというものですが、素材の汎用性ということで、すごいのが塩ビです。１９９０年代後半に、塩ビの焼却からダイオキシンが発生するという風評被害がありましたが、やめずに頑張った信越化学工業や東ソーは、いまかなり利益を出しています。

渡部　ひと頃、ダイオキシンは発がん性が高いということで、塩ビはかなり叩かれました。でも、高温で燃やせばダイオキシンはほとんど出ないとわかり、現在は一般的に使われています。

中村　塩ビで利益が出るのも、化合物の持つ力です。化合物は化学で原子を結合させたものので、塩ビの場合、重量の半分は塩由来です。たとえば東ソーでは、日本国内で消費される食塩量に匹敵する百数十万トンの塩を海外から輸入しています。

そして自社工場にある石炭火力発電所で福岡県の民生電力とほぼ同量の数十万キロワットの電気を創り出し、塩（ＮａＣｌ）を塩素（Cl_2）と苛性ソーダ（ＮａＯＨ）に分けるのです。これには磨き上げられた電解技術が必要で、信越化学工業や東ソーは、その技術を持っているのです。また、東ソーの火力発電所では、燃料の石炭からバイオマスへの切り替えを進めるなど、環境に配慮した取り組みも行われています。

渡部　東ソーは、東洋ソーダの略ですか。もともと何をしていた会社でしょうか？

中村　昔は東洋曹達（ソーダ）工業という名前で、苛性ソーダをつくっていました。苛性ソーダは用途がいろいろあり、シャンプーや石鹸の製造過程で油脂を加水分解するときにも使います。あと塩素酸類もつくっていました。次亜塩素酸ナトリウムはプールの殺菌にも使われてきました。

渡部　紙の漂白はどうですか？

中村　紙の漂白には、過酸化水素水（H_2O_2）を使います。あと次亜塩素酸（$HClO$）や二酸化塩素（ClO_2）なども使いますね。

渡部　ともあれ石炭で発電した大量の電気で塩を電気分解して、塩素をつくる。それが塩ビの原料になるわけですね。

中村　中学校の理科の実験でやったと思います。塩（$NaCl$）の水溶液（H_2O）を電気分解すると、塩素ガス（Cl_2）と水酸化ナトリウム（$NaOH$）になります。水酸化ナトリウム（$NaOH$）の水溶液（H_2O）を電気分解すると、水素（H_2）と酸素（O_2）が出てくる。それに近い話です。

東ソーはもともと石油コンビナート内に、ナフサクラッカーと呼ばれるナフサからエチレンを抽出する装置を持っていました。石油コンビナートにはいくつもの会社が入っていて、輸入した原油を、各社がさまざまな製品に加工していくのです。エチレンもその一つです。

渡部　原油の開発会社として、ＥＮＥＯＳホールディングスの主要子会社のＪＸ石油開発

（ＪＸ）はどう関わっているのですか？

中村　原油を輸入して、これを港近くに貯蔵しています。そこから50メートルぐらいの長さの蒸留精製装置を使ってナフサを取り分け、さらにそれを触媒に通してエチレンやプロピレンなど、細かい構成単位の化学原料に分けていくのです。

渡部　そこまでが仕事ですか？

中村　昔はそうでした。本来、ここがいちばんの得意分野です。そしてエチレンやプロピレンなどに分けたあとのポリマー重合などの製造事業は、三井化学や住友化学、三菱ケミカルが得意でした。ただ三菱ケミカルはこの事業をＪＸに売却したので、お金の流れは川上のほうに移っています。

渡部　逆にいえば、川上にいたＪＸが、川下に移ってきたということですね。

中村　「押しつけられた」という見方もありますが、実際はＪＸが望んだと思います。

渡部　その話は、われわれ投資家から見ると非常に興味深いです。川上を押さえていたＪＸが川下まで来たとなると、付加価値が上がり、投資対象になります。

中村　ＪＸの親会社であるＥＮＥＯＳホールディングスの株価は、２０２３年11月の時点で５５０円ぐらいです。同社の株を持っていますが、私が買ったときは４８０円でした。

渡部　そういうところにつながっていくのです。

中村　私は、研究室の卒業生が働いている化学産業の会社の株を買うことにしています。応援の意味で始めたのですが、やはり化学産業は面白いですね。

第2章

注目の分野は「樹脂」「半導体関連」「環境」

◇汎用樹脂より価格が5倍高いスーパーエンプラとは

渡部　第1章では日本の化学会社が、自動車や電機を超えるポテンシャルを持つという話を、付加価値や素材産業としての可能性といった視点から議論しました。本章ではより具体的に、化学会社の中でも、とくにどのような分野で期待が高いかについて、議論したいと思います。

『会社四季報』には、各社の事業の構成比が書かれています。三菱ケミカルなら機能商品29％、ケミカルズ32％、産業ガス24％といった具合です。住友化学は石油化学30％、エネルギー・機能材料11％、情報電子化学30％。三井化学はモビリティ26％、ヘルスケア10％、フード&パッケージング15％、基盤素材49％などとあります。

中村　三菱ケミカルは、産業ガスも強いのですね。初耳でした。三井化学のモビリティは、クルマの内装の材料で、これは旭化成もやっている事業です。また三井化学の基盤素材は、フェノールやアセトンなどです。三井化学は石油化学分野に近い部分をまだ持っていて、エチレンの精製もしています。財閥系の企業で唯一、残しているのではないでしょうか。

渡部　これらを見ていくと、化学産業の会社の中には第１章でご紹介したチャートの右側にあるポリエチレン、塩化ビニル樹脂、ポリプロピレン、ポリスチレンなど汎用品を扱う会社もあります。

『会社四季報』からだけでも、いろいろなことが見えてきますね。

中村　そこで注目したいのが樹脂です。樹脂は、いろいろな製品の原料に使えます。そして汎用樹脂に対応する言葉として、エンプラ、スーパーエンプラ（スーパーエンジニアリングプラスチック）という言葉があります。簡単にいえば、汎用樹脂は一般的なもの、エンプラは特殊なものということになりますが、これからとくに伸びるのは、スーパーエンプラのほうです。

汎用ポリマーの多くがポリエチレン袋みたいに弱くて軟らかいのに対し、スーパーエンプラは融点が１５０度以上での連続使用にも耐え、機械強度が高い。このため本来は金属でないとつくれないモーター部品が、樹脂でできるようになります。ただし特殊品なので値段も高く、汎用品の5倍ぐらいはします。

渡部　具体的には、どのような製品ですか？

中村　エンプラではポリカーボネイトが一番たくさんつくられてて、身の回りにもあります。その材料としてビスフェノールＡが使われていますが、環境ホルモン物質だと問題視され、使用が控えられる傾向にありました。

渡部　エポキシ樹脂は違いますか？

中村　エポキシ樹脂は、１回固まると再成形ができない熱硬化性樹脂なので性質や用途が違います。ペレット（粒状）をたくさんつくって形にすることが苦手です。だから半導体や有機ＥＬ素子の製造の際につかわれ、空気や水の混入を防ぐ封止材として活躍しています。あとは接着剤が離れないようにするときにも使います。

渡部　ＭＭＡ（メタクリル酸メチル）樹脂はどうでしょう？

中村　アクリル樹脂とかアクリルガラスというと、皆さん聞き覚えがあるかと思います。これはスーパーエンプラには入りません。何を混ぜ込むかでも違いますが、熱耐性や強度がありません。透明性が高いので、レンズなど光学特性が求められるものには使われますが、強度が求められるものにはあまり使いません。

アクリル樹脂は、沖縄にある美ら海水族館でも使われています。すごく大きな水槽があって、圧力があまりに強くてガラスではつくれない。１メートルぐらいの厚さで透明性の高いものをつくろうとすると、アクリル樹脂になるのです。

渡部　ポリフェニレンオキサイド、ポリアミド、ポリプチレンテレフタレート、これらはスーパーエンプラに入りますか？

中村　ポリフェニレンオキサイドはエンプラですがスーパーエンプラには届きません。ポリアミドとポリプチレンテレフタレートは、いずれも汎用樹脂といえましょう。いずれにせよ、値段が全然違います。ポリカーボネイトは、その中で一番安くて使いやすい。だから本当によく使われています。従来のエンプラより、もっと機能特性がいいものがほしいということで出てきたのが、スーパーエンプラです。

渡部　スーパーエンプラの代表は何ですか？

中村　ＰＰＳ（ポリフェニレンサルファイド）やＰＥＥＫ（ポリエーテルエーテルケトン）などが挙げられます。業界を引っ張っています。一方、アミド結合でできるポリアミドも、モノマーの分子構造を工夫することで素晴らしい材料ができることが昔からしられています。

渡部　ポリアミドは、ナイロンと同じですか？

中村　同じです。スーパーエンプラに近く、耐磨耗性が高いので、防弾チョッキやスキーの板に使われます。ケブラー繊維というのが有名です。

渡部　ブレーキ摩擦材もそうですね。

中村　それは知りませんでした。一方、ＰＥＴ（ポリエチレンテレフタレート）やポリウレタンは汎用品です。かなりの量が使われています。

渡部　まとめると、樹脂の中でも汎用樹脂より機能特性に優れたものがエンプラ・スーパーエンプラで、付加価値が高い。代表的なエンプラがポリカーボネイトでたくさんつくれて安いので産業的には要注目ということですね。

中村　そうです。

◇有機ＥＬでは日本の半導体関連会社は勝負できるか

中村　化学会社で、もう一つ注目したいのが半導体関連です。２０２３年に半導体材料大手のＪＳＲが、政府系ファンドの産業革新投資機構に、なかば国有化される格好で買収されました。ＪＳＲは基盤の製造に使うフォトレジストでトップで、ＪＳＲのフォトレジストがないとサムスンも半導体がつくれないほどでした。

渡部　半導体は自動車や家電はもとより、本当にいろいろなところに使われていますからね。半導体の材料も当然、重要になります。

中村　じつは私は一度、半導体関連の株で後悔したことがあります。トリケミカル研究所という、山梨県にある先端半導体製造に必要な化学材料を多品種少量生産するメーカーの株です。いまでこそ従業員が連結で２５０人ほどいますが、昔は社員数も少なく、本当に小さな会社でした。

この会社がつくっていた超高純度の金属膜が半導体の原料になったことで、20年ほど前に急成長したのです。この会社が担っているのは有機金属化学で、有機金属化学は半導体や先端機器の需要があるのです。その後もどんどん新製品を開発して、素晴らしい会社になりました。

株価も、上場した２００７年頃は１００円台をウロウロしていましたが、いまでは３０００円を超えています。半導体の製造も化学産業ですから、もっと早くに目をつけておけばよかったと思っています。

渡部　確かに半導体は、一つの切り口ですね。ただ具体的にどのような会社がどのように半導体と関わっているのか、いま一つイメージが湧きません。

中村　たとえば有機ＥＬパネルです。これは先ほど述べた、エキポシ樹脂を使った封止材なしに成り立ちません。エキポシ樹脂のほかにも、20種類ほどの有機物が混ざっています。

渡部　ガラスで表面を覆っているけれど、中で光っているのは有機物ということですね。有機物というのは「炭素を含む物質」ということでいいですね。

中村　厳密には違いますが、おおむねそうです。そして有機ＥＬパネルでは１マイクロメートル、つまり１０００分の１ミリメートルぐらいの厚さに20種類ぐらいの有機物を交互に蒸着しています。蒸着とは、真空の中で有機物を飛ばし、ガラスの表面に薄い膜をつくるというものです。これを何度も繰り返し行っていくのです。

昔は日本が得意でしたが、いまではサムスンやＬＧエレクトロニクスなど、韓国のメーカーに完全に追い越されています。少し前に韓国の工場に行きましたが、とてつもない大工場でした。ガラス基盤をつくる工場も備えていて、ここで次世代型の大型テレビパネルの量産化を始めていました。

渡部　有機物そのものは光るのですか？

中村　電気を流すと光る有機物もあります。

渡部　だからバックライトは要らないのですね。液晶は光らないから、バックライトが要ります。

中村　ただ液晶のバックライトも、有機物で光らせているケースもあります。白い光が出る有機物を入れて、その上にカラーフィルターを被せて、光が当たると赤や緑や青になるのです。その一つ一つのピクセル（画素）が全部素子になっていて、「ここに電気を流しなさい」「赤にしなさい」などと、画像になるように指令を出している。

渡部　それらが全部、線でつながっているのですか？

中村　そうです。とてつもなく複雑な有機物を使っていて、それが何万円といった安さでつくられる。そのはしりはシャープが世界で初めて量産化したＩＧＺＯ（イグゾー）という超微細化半導体技術で、開発者は東京工業大学の細野秀雄名誉教授です。無機物の微細半導体をうまく使うことで、少ない電力で細かく電気をオンオフできる仕組みをつくった。この革新技術が海外に渡ってしまった。取られてしまったのです。

渡部　なぜ取られたのですか？

中村　この技術の特許は、もともと文科省所管のＪＳＴ（科学技術振興機構）が持っていました。ＪＳＴは最初、日本のメーカーにライセンス供与の話を持ちかけたのですが、どのメーカーも必要ないと断った。そこで手を挙げた韓国のサムスン電子に供与したのです。

続いてシャープもライセンスを取得して、ＩＧＺＯの名で量産化を進めますが、ＩＧＺＯの商標権をめぐって調整などしてました。結局は韓国企業の後塵を拝することになったのです。

渡部　開発者は日本人なのに、おかしな話です。

中村　ＪＳＴも大学もこの頃から、大学の研究室が特許を取ることを奨励するようになります。それまでは「特許なんて出すものじゃない」「そんな嫌らしいことをしてはいけない」と言った風潮もあったのですが……。

じつは有機ＥＬディスプレイも同じです。

ソニーが国産の材料で、世界初の有機ＥＬテレビをつくって販売します。当初は11インチで、価格は20万円でした。これで日本も有機ＥＬに向かうかと思ったら、価格が高いうえ、蒸着を繰り返す技術の開発も大変なので、液晶でいいとなったのです。

すると韓国でサムスン電子が有機ＥＬディスプレイの販売を始め、日本企業は適わなくなった。パナソニックとソニーの有機ＥＬ事業を統合して、国策企業としてＪＯＬＥＤが発足しましたが、２０２３年３月に民事再生法を申請しました。すべて後手後手なのです。

渡部　そのあたりは「日本の電機産業が負けた」という話で語られることが多いですが、化学産業も関わってくるのですか。

中村　化学産業の会社は、有機ＥＬパネルの原料を供給しています。たとえば出光は「出光ブルー」と呼ばれる、世界初の青色有機ＥＬ材料を開発しています。しばらくはこれが使われていましたが、韓国にもＬＧ化学をはじめ化学産業の会社がいろいろあります。特許を侵害せずに分子構造を少しだけ変えたものをつくれば、日本企業から買わなくなるのです。そのほうが安くつきますから。

渡部　ズル賢いですね。

中村　しばらくは日本のメーカーが出光から買っていたのですが、やがて低価格化に成功した韓国産に押され、日本のメーカー自体が有機ＥＬディスプレー事業から撤退していくのです。

渡部　では半導体関連会社自体は有望でも、有機ＥＬ関連に参入するのは、日本の会社としてはちょっと厳しいということですね。

◇化学産業がかつて経験した公害事件

渡部 これらの話は、「既存の技術では勝負が難しいから、次の技術で勝負するほうがいい」という教訓でもあります。新しい種を撒いていくことが重要になりますね。

中村 ただここで難しいのは、日本の化学産業がかつて、公害問題の当事者になったことです。これでいっきに化学産業の評判が落ちました。

渡部 ああ、なるほど。

中村 「グリーンケミストリー」という言葉が出てきて、できるだけ環境に負荷をかけない化学を目指す流れが生まれます。私の研究対象である「森林化学産業」の、「山林に手を入れることで環境をよくしよう」という発想の大本が生まれてくるのです。

渡部 公害では、当時何が一番問題視されましたか？　メチル水銀が原因の水俣病、カドミウムが原因のイタイイタイ病、大気汚染が原因の四日市ぜんそくなど、いろいろありましたね。

中村　薬害もありました。サリドマイド事件、カネミ油症など。カネミ油症は不純物が問題で、製品自体ではありませんでしたが。

渡部　象徴的なものは何でしょう？

中村　やはりサリドマイドです。もっともいまは世代が変わり、サリドマイドも使えるようになりました。アメリカではもう使っています。

渡部　サリドマイドは、どこがつくっていたのですか？

中村　つくったのは西ドイツの会社です。20カ国以上に販売していて、日本もこれを使っていたのです。妊婦で、落ち着いて眠れない人向けの睡眠薬でした。サリドマイドは組成、つまり炭素や水素などのつながり方がまったく同じでも、鏡に写した像のように重ならないものもあるのです。

たとえば右手と左手は、手のひら同士を合わせるとぴったり重なりますが、どちらの手のひらも下に向けて重ねると、ぴったりになりません。親指と小指の方向が逆に、いわゆる鏡映しになります。そして右手で触られた場合と左手で触られた場合では、感じ方が違いますね。サリドマイドも、いわば右手と左手があるのです。

右手の形のサリドマイドは睡眠剤としての効果があるけれど、左手の形のサリドマイドは胎児に奇形を引き起こす作用がある、といった具合です。その結果、世界中でたくさんの奇形児が産まれた。これがサリドマイド事件です。

渡部 化合の仕方が間違っていたのですか?

中村 鏡映しのサリドマイドが、そのような生理作用を持つことがわかっていなかったのです。それで継続的に使ったり、純度の低いものを使ったりして、赤ちゃんに奇形を及ぼしたのです。

渡部 このような事件や問題を通して、化学産業が社会的バッシングを受け、衰退した部分があるのですか?

中村 そうですね。さらには、B to Bビジネスをメインにしていたのも一つの原因でした。一般消費者に対する製品や企業のなじみが薄かったのです。最近でこそダイセルなどもコマーシャルを流すようになり、企業イメージが知られるようになりましたが、当時はそれがなかった。そのためいったん悪いイメージがつくと、信頼回復が難しかった。一般消費者にとって「化学産業は怖い」というイメージが定着してしまったのです。

渡部 発信ということでは、私はイタイイタイ病の被害があった、富山県にあるイタイイ

中村　タイ病記念館に行ったことがあります。イタイイタイ病は岐阜県の神岡鉱山から未処理水が出たことにより、富山市の神通川下流域を中心に発生しました。

渡部　未処理水にカドミウムが含まれていたのです。亜鉛や鉛も含まれていました。

中村　住民がその水や、水で育てられた米を摂取すると、カドミウムが体内に蓄積する。子どもを産んだ女性はカルシウムをたくさん摂る必要があるのに、身体がカドミウムをカルシウムだと誤認することで、カルシウムではなくカドミウムを吸収して骨がボロボロになったのです。

触っただけで骨折するので、女性たちが「痛い、痛い」と泣き叫んだ。それで「イタイイタイ病」と名づけられました。最初は原因がわからず、やがて神岡鉱山から出た排出液だとわかってきた。

中村　三井金属鉱業が採掘していました。

渡部　１９１０年代から発生し、それを地元の新聞が記事にしたのが１９５５年です。そこから医学界や当時の厚生省などが原因解明に乗り出し、１９６８年に被害者らが訴訟を起こします。

最終的に原告の勝利で終わったのが１９７２年。つまり問題発生から終結まで、60

年ぐらいかかっています。いったん公害が起こると、解決するまで、ものすごく時間がかかるのです。

中村 明治初期には栃木県の足尾銅山でも、公害事件が起きています。銅山からの廃液が川を通じて地域の農村に流れ込んだ。これで何カ所か廃村になりました。

渡部 渡良瀬川周辺ですね。地元の政治家・田中正造が「ここを助けてくれ」と訴えたけれど、どうにもならなかった。

足尾銅山には複眼経済塾の塾生も連れて行きましたが、今でも木が生えていない領域が広がっています。地元の方によれば、「あの山は400年先まで再生しない」そうです。

中村 足尾銅山を開発していたのは古河鉱業（現・古河機械金属）で、いまも足尾地区の緑化事業を続けています。

渡部 汚染された村は、あえて残すそうです。「いったん汚染されると再生までものすごい時間がかかる」ことや、「二度と同じ過ちを繰り返さない」ことを教訓として後世に伝えるそうです。だからその地区は木がまったく生えていません。

◇過去の失敗から学んだ日本の化学産業

渡部　ただ、過去に公害事件があったからこそ、化学産業が発達したといえる気もします。事件化しなければ、日本の化学産業はもっと悲惨だったのではないでしょうか。

中村　残念ながら発展段階において、一度はそういう過程を経るのです。明治期の日本は、絹と銅が外貨獲得の最大の手段でした。とくに銅の生産量は世界一でした。昔の銅山は手掘りで、職人が褌一丁でカンカンと掘り出していました。それが効率悪いということで、ドイツから輸入した機材を使うなど、オートメーション的な発掘・精錬方法を導入した。そこから出てくる廃液が、下流域を汚染したのです。

いまなら廃液は、専門業者に引き取ってもらうことが法律で定められています。でも当時は、そもそも廃液が毒かどうかも知りません。それを垂れ流した結果、何万人という犠牲者を出したのです。

水俣病もそうです。原因は熊本県水俣湾周辺のチッソという化学会社の工場から排出された水銀ですが、化学工場がつくっていたのは水銀ではありません。アセチレンや酢酸といった基礎化学品です。このとき副生産物として出た有機水銀が、排水に入っていたのです。

有機水銀は有機だから、生物の中に溜まりやすい。魚の体内に蓄積して、その魚を食べた人たちの体内にも蓄積しました。水銀は神経毒だから、神経伝達がうまく行かなくなるのです。

渡部 廃液に水銀が含まれていたのは、偶然ですか？

中村 廃液の処理が甘かったのだと思います。イタイイタイ病、足尾銅山、水俣病は、廃水に問題がありましたが、サリドマイドとは異なりますね。

渡部 そこから日本の化学産業では、廃棄物の処理をきっちりやるようになるのですね。これが中国だと、つい20年ぐらい前まで全部、垂れ流しだったと思います。

中村 他の国でも田舎のほうに行ったら、人がいない場所にこっそり埋めるケースがありますね。日本は国土が狭いので、埋めるとすぐにわかってしまう。日本のほうが環境対策は進化しています。

渡部 ある意味、日本の強みですね。

中村 最先端だと思います。やはり進化のためには、失敗も必要なんです。人間は失敗するもので、問題は失敗からどう学び、成長するか。やってみないと、結果はわかりません。動機が欲にかられたものでも、やってみることが大事で、それをできるのが人間のすごさです。

ロシアの真ん中に、ノリリスクという都市があります。何もないところですが、世界の3分の1のシェアを占めるほどの膨大な量のパラジウム（稀少金属）が採れます。ここでもニッケル社が、工場から出る廃水を垂れ流しにしました。周辺の川が真っ赤になっているのを衛星写真に撮られ、発覚したのです。

渡部　先ほどの銅と同じで、薬品を使って精錬したときの廃液が流れ出たのですね。

中村　化学産業には、ある意味、裏表の部分があるのです。工場から何かが流出し、環境や健康に被害を及ぼすリスクは、必ずつきまといます。それをどう対策するかという話でもあります。

渡部　それで思い出しましたが、東京の魚市場を築地から豊洲に移すとき、豊洲の地下水からベンゼンが検出されましたね。豊洲に東京ガスの「がすてなーに」という資料館を見学した際に、豊洲の埋め立てについて関係者の方から話を聞いたことがあります。

豊洲の埋め立てに使った土は、明治時代から化学会社が隅田川などに廃液を垂れ流していて、それらが堆積した海底を浚渫したものだったそうです。明治時代から蓄積したものを掘り返してしまったので、そのような影響がでたのではないかという説明でした。

中村　工場から出る廃液を少しずつ分散して、５００年も経てば何とかなるという発想です。いわば『風の谷のナウシカ』の腐海ですね。汚染されたものを長い歳月をかけて浄化する。それもまた人間の仕事です。

◇公害問題を乗り超えた製紙、塩ビ

渡部　逆に化学産業から毒を除去したり、浄化するシステムや触媒をつくるといった動きもあるのですか。

中村　工場の廃液や排気を浄化する技術も、日本にはすごいものがあります。とくに染色工場は、すごく廃液が出ますから、それをきれいにする技術も進んでいます。あるいは製紙業の場合、水を大量に使います。１トンの紙をつくるのに、昔は１００トンぐらい使っていました。それがいまは10トンぐらいに減っています。たとえば王子製紙では年間１５０万トンぐらいの紙をつくるので、いまも１５００万トンぐらいの水が必要です。それを処理するだけで、一つの分野になっているそうです。

渡部　１５００万トンは、すごい量ですね。

中村　われわれが１日に飲む水の量は、60キロの人で2リットルぐらいといわれます。１世帯で10リットルとして、１００世帯で１トン。１５００万トンなら、15万世帯分という計算になります。

渡部　それぐらいの水を処理する技術を持っている。

中村　廃水を工場内でできるだけきれいにして、排水できるレベルにするそうです。

渡部　再利用できるのですね。

中村　その結果、水の使用量も10分の１に減らせたのではないでしょうか。廃水は、とにかく基準を守る必要があります。製紙では、まず紙の繊維を水に溶かし、その後、薄く広げ延ばし、水を抜いて、さらに乾燥させて紙にします。このときの水と乾燥に、すごくエネルギーを使うのです。

だから製紙は、電気代をはじめ燃料費が安い中国が強いです。日本は電気代が高いから大変です。これはシリコンや塩ビも同じで、そうした中で日本では工夫によって、世界に通用する製品を出している。繰り返しになりますが、信越化学工業は、塩ビで世界一のシェアですから。

渡部　ただ信越化学工業の場合、アメリカの化学会社を買収したので生産拠点は、アメリカにもあります。

中村　それで世界一なのですね。そう考えると、東ソーは頑張っています。国内生産がメインですから。

渡部　信越化学工業がアメリカの塩ビメーカーを買収した理由は、かつて社長を務めた金川千尋氏が語られています。塩ビの大きな用途に雨樋や排水管があります。これらは、家を建てるとき絶対に必要です。そして世界最大の住宅産業がアメリカです。だからアメリカに進出したと。

中村　いつ頃、話されていたのですか？

渡部　そんなに昔ではありません。野村證券で毎年12月に開催されていた、トップ企業の経営者を集めたＣＥＯフォーラムで聞いたと思いますので15年ぐらい前だと思います。

中村　１９９８年頃にダイオキシン騒動が起こり、塩ビは危険という話になりました。「焼いてはいけない！」「廃棄しろ！」と。あのときは少しでも体内に入ると、すぐに死ぬという話でした。「あそこの廃棄場はダイオキシンが何ｐｐｍ出ているからダメだ」とか。

渡部　ゴミ焼却場からダイオキシンが出た、といった話がありましたね。

中村　ただ、野焼きでプラスチックを焼くと、ダイオキシンだけでなく塩化水素ガスも出ますから、よくはない。それで99年に特別措置法をつくるのです。

もともと国はダイオキシンに対する警戒心があり、１９６７年に基準値を設けています。それがダイオキシン騒動でこの数値でも猛毒である、となり、新たな基準値を設定しました。排出ガスや排水内のダイオキシンの濃度基準などを設定し、全国の焼却炉も高温で焼ける高性能なものに置き換わっていくのです。

すごい逆風でしたが、塩ビの持つ性能が優れているため、代替できる素材が見つからなかった。中国も工事で大量に使っていますし、家の配管もほとんど塩ビですから。

しかものちになって、高温で焼けばダイオキシンが出ないとわかった。低温で焼くと出ますが、ダイオキシン自体、人間にとって毒でないという説もあります。少なくとも急性の毒性はない。

この手の話は、いろいろあります。アルツハイマー病の原因はアルミだと、アルミ鍋が問題視されたこともありましたが、あれも嘘でした。

渡部 ある意味、化学産業は過去の公害問題のイメージに苦しんできた。そういう歴史を乗り越えて、現在があるということですね。

中村 新しい化合物や物質ができたとき、それが本当に大丈夫かなど誰もわかりません。そのもの自体が大丈夫でも、つくる際に生じる廃棄物が大丈夫かまではわからない。それを全部調べるのは不可能です。それらが不幸にしていろいろ重なると、大規模な公害になり、苦しむ人がたくさん出てしまう。

渡部 問題が起きたら解決法を考え、さらに新しい技術を開発する。それを繰り返してきたのですね。

◇二酸化炭素対策で化学会社にできること

渡部　最近でいうと、二酸化炭素問題が大きな環境問題になっています。あれはいつ頃から言われだしたのでしょう。

中村　大きな枠組みで考えると、化学産業の一番のおおもとは木です。植物が最初の原料でした。草を絞り、出てくる液体を使うのもそうです。

それが石油・石炭の登場で変わりだします。産業革命により、石炭を大量に使って加熱したり蒸発・精製すると、いろいろな原料が取れることがわかった。まずは石炭化学が誕生し、その後、石油化学が誕生します。

輸送用機器も、石炭で走る蒸気機関車から、ガソリンで走る自動車がメインになる。そうして、原料としての石油が最盛期を迎えるのです。

このとき日本では当時の通産省が、原油をたくさん輸入して石油化学産業を伸ばし、戦後の復興につなげようとします。タンカーで原油を大量に輸入し、臨海部に10カ所を超える石油化学コンビナートをつくって大量の石油を備蓄・使用しようと考えた。

日本の人口が7000万、8000万、9000万人……とどんどん増える中、クルマや住宅の需要が伸び、プラスチックの需要も増えた。そこで石油化学産業もどんどん成長していくのですが、一方で環境についてはあまり考えなかった。そこから公害が生じ、その対策が取られたのは先に述べたとおりです。そうした中、次に起きたのが二酸化炭素問題です。

空気中の二酸化炭素がこれほど増えているのは、石油や石炭といった化石燃料を燃やしてきたからです。原油を100輸入したうち、化成品原料として使うのは25程度です。こちらは燃やさない限り、二酸化炭素になりません。ところが残りの75は、燃料用途だから燃やしてしまう。これらは二酸化炭素として、空気中に排出されます。

3〜4億年ほど前、気体だった二酸化炭素が光合成で植物となり、やがて石油や石炭として地面の奥深くに液体や固体として埋まっていた。これを表層部分ならともかく、ふつうなら到達できない深層部のものまで掘り進め使うようになった。役に立つし、儲かるしということで、とんでもない量を掘り返した結果、気がつけば許容限度を超える二酸化炭素が空気中に出てしまったのです。

いまはそれを環境技術を使い、無理やり凝縮して、再び地面に埋めたりもしています。

現在空気中の二酸化炭素濃度は約４００ｐｐｍです。じつのところ私は、二酸化炭素は増やしてもいいと思っています。世界の農作物は、いまの濃度で生育しています。これが３００ｐｐｍに減れば、とくに穀物の生産量が減り、10億人ぐらいが餓死すると、農学部の先生に伺ったことがあります。

渡部　「害になりそうなものは取り除こう」とする発想が、生態系を大きく壊してしまうことにつながりかねません。たとえば、有明海のノリがそうで、近年、下水の浄化能力が高すぎて、不作が続いているそうです。成長に必要な窒素やリンまで流れてこなくなり、生育が悪くなったということです。

中村　海の中には大量のプランクトンがいます。そのプランクトンを食べて魚は生きているのです。プランクトンには、本来は下水を浄化する働きがあります。し尿などを分解して、二酸化炭素にする。ところが水をきれいにすることにこだわりすぎて、窒素やリンなど、プランクトンの発生に必要なものまで取り除かれてしまった。そうすると海の中の小動物や魚は減らざるを得ない。結果として、瀬戸内海の漁獲量は激減しています。伊勢湾でも減りだしています。

最近、環境省では、生活処理水中の窒素とリンの量のコントロールを始めていま
す。以前は窒素とリンを「ゼロにする」と言っていたのに、「コントロールする」と
言い始めた。

ここで興味深いのが、愛媛大学の尾崎庄一郎名誉教授の研究です。90歳ぐらいの方
ですが、いまも現役で研究されています。尾崎先生が言っているのは、工場から出る
窒素や窒素酸化物は、むしろ「出しっぱなしでいい」というものです。

いまは窒素酸化物をなくすために、アンモニアを大量に投入することが行われてい
ます。窒素酸化物とアンモニアを反応させると、もとの窒素と水に戻るからです。こ
こで問題なのは、アンモニアを窒素と水素からつくっていることです。これには大き
なエネルギーが必要です。人類の使用エネルギーの2%に達すると言われています。
また、水素ガスも用意するのに、大量のエネルギーを使うことが問題です。

資料を環境省などに送りましたが、誰も取り合ってくれないそうです。そこで岸田
首相を訴えたところ、「総理大臣は訴えの対象になりません」と拒否された。そこで、
環境省を訴えられてました。

渡部　いろいろな知見が生まれているということですね。環境問題でも化学産業の会社は大いに出番がありそうです。

◇製紙産業と化学産業の融合は実現するか

中村　製紙会社でも、新しい動きが起きています。いま製紙会社はパルプを紙にするだけでなく、化学変換によって燃料をつくろうと考えています。

いままでは木材チップをパルプにし、そこから紙をつくるのが主なビジネスでした。しかし今後は、木材チップを化学分解して化学品の原料をつくろうとしています。最大のターゲットが航空燃料で、すでに王子ホールディングスでは、そのための部署を立ち上げていると報道されています。

渡部　まさに紙パルプ産業と化学産業の境目が、なくなりだしているわけですね。

中村　紙パルプ産業は薄利多売なので、もっと付加価値の高い製品をつくりたい。日本の製紙会社が持っているパルプ用の林は、規模がそれほど大きくありません。アメリカやカナダ、南米などには広大な敷地があり、とくにアマゾンなどでは植林して5年も経てば立派な木になります。それをタンカーで運んだほうが、日本の木を使うより安くすみます。

パルプをつくる行程の一つに、木材チップを薬品で煮たり叩いたりして、繊維をほぐす「蒸解」があります。そのための工場を各製紙会社は山ほど持っていますが、これを減らそうという動きが、経産省主導で進んでいます。規模の縮小により、薄利多売でなく高付加価値を生みだす産業にシフトするというわけです。

パルプ生産量世界一は、スザノというブラジルの会社です。

スザノはブラジルに広大なパルプ林を持ち、ある区画で伐採したら、そこに植林することを繰り返しています。そうして大量の木材を、長期にわたり供給できる態勢を築いています。昔は自ら木をパルプ化する技術がありませんでしたが、いまやその技術も取得し、世界中の紙を牛耳るようになっています。

そのような会社と、日本の製紙会社が競っても適わない。そこで化学技術を使った業種転換を図ろうとしているのです。

渡部 そこから新しい動きが起きているのですね。

中村 その一つが、ＳＡＦ（Sustainable Aviation Fuel, サフ）の製造です。サフは原油由来でない、植物など持続可能な原料からつくる航空燃料です。次世代の航空燃料ともいわれ、ヨーロッパではすでにサフを燃料にした飛行機でなければ、空港の使用を認めないといった動きが出ています。

ＥＮＥＯＳもサフに関心を持っていて、これまでエチレンからポリエチレンをつくるのがメインでしたが、すでにサフの製造を始めています。薄利多売から高付加価値品への転換を図ろうとしています。

ただしサフはあくまで燃料なので、それほど価格を上げられません。いかに安くつくるかが今後の課題で、経産省主導でサフの製造をサポートし始めているのです。

渡部　サフといえば、微細藻類のユーグレナ（ミドリムシ）からつくる話もあります。化学産業では自然由来の航空燃料をつくることが、一つのトレンドのように思います。

中村　そのように導かれている部分があります。とくにヨーロッパは規制が厳しいですから。採算を取るには、本当は1キロ200円ぐらいで製造する必要があり、許容できるのは500円までです。ところが現状は5000円ぐらいかかるそうです。

たとえばユーグレナの場合、プールで培養したミドリムシを絞れば油がとれるというような話ですが、採算を取るには、ものすごい面積が必要です。植物を使った高付加価値品なら、むしろセルロースナノファイバーのほうが有望です。樹脂の中に植物を混ぜこみ、強度の強い素材をつくるのです。こちらで進んでいる会社が多いと思います。

いずれにせよ日本の製紙産業は、化学産業として新しいジャンルに乗り出すしかありません。これは日本で森林に携わる人たちが、充実した生活を送るためにも不可欠です。

製紙会社が化学変換に必要なプラントに足を踏み入れるのは難しいですが、逆にたとえば化学会社のダイセルと王子ホールディングスが合併する。実現すれば国内に、非常に大きな森林資源と化学変換機能を持つ会社が誕生することになります。

◇木材チップから再生可能な航空燃料「サフ」をつくる

渡部　そもそも紙は、いつ頃パルプからつくるようになったのですか。

中村　江戸時代はボロ布からつくっていました。ボロ布を集めて、細かく解体して紙に漉き直していたのです。

渡部　もっと昔でいうと、ミツマタ、コウゾ、ガンピが有名ですね。いまも高級和紙として使われています。

中村　そうした中、パルプ、つまり植物繊維から紙をつくるようになるのは、１５０年ぐらい前です。19世紀半ばにドイツで砕木機が開発され、木をパルプにすることで大量に紙がつくれるようになりました。

渡部　いま紙というと、パルプからつくるのが当たり前ですが、それ以前は当たり前でなかった。同じように、いま製紙会社が木をエネルギーに換えることはありませんが、１５０年後には当たり前になる可能性があるということですね。

中村　１５０年どころか、15年後ぐらいになっているでしょう。

渡部　その意味で、いまは歴史的大転換期ということですね。

中村　まさに原料が変わるし、産業も変わる。そのタイミングで日本の国土の状況にも目を向けましょうというのが、５章でお話しするわれわれの提案です。山林を手入れして、そこから採れる木材を、紙やプラスチックなどの化学製品にする。

パルプをセルロースにし、さらに分解すると、グルコースつまりブドウ糖になります。ブドウ糖は発酵させると、20％ぐらいがエタノールになります。そのエタノール

（C_2H_6O）から水（H_2O）を取ると、エチレン（C_2H_4）になる。このエチレンを何百個何千個とつなげると、レジ袋などに使われるポリエチレンになりますが、4〜10個ぐらいつなげるとサフになります。

渡部　レジ袋とサフは、どちらももとはエチレンなのですね。

中村　エチレンのつながっている長さが違うだけです。これはガソリンも同じで、だからポリエチレンは火を着けると激しく燃えます。固体燃料も、ポリエチレンを使っています。その流れで、サフもできるのです。

渡部　原油から蒸留するとき、沸点の高さによってガソリン、ジェット燃料、重油など、いろいろな燃料ができます。エチレンの原料ナフサもその一つなので、ガソリンなどの需要との絡みで、ナフサのつくられる量も決まるはずです。

渡部　原油から一番取れるのは、ガソリンとナフサですね。

中村　ガソリンもナフサも、だいたい3分の1から4分の1ぐらい取れます。

渡部　もしＥＶ（電気自動車）などの普及でガソリン需要が減ってくれれば、精製されるナフサの量も減ります。

中村　もう減っています。街を見てもガソリンスタンドがどんどん減っています。

日本の原油の輸入量は、かつて2億数千万キロリットルでした。それが最近は1億6000万キロリットル程度と、7割ほどに減っています。当然ガソリンだけでなく、ナフサの生産量も減っています。そのため国内で生産されるナフサと同量のナフサを、海外から輸入せざるを得なくなっています。

実はもうすでに輸入ナフサのほうが多くなっています。そうなると経済安全保障上の問題も出てきます。海上封鎖されれば、使えるナフサの量が半分になり、化学産業がストップします。

渡部　そうなるとジェット燃料も減るので、その代替も必要になります。

中村　またこれらは原油由来なので、全部、二酸化炭素が発生するという問題があります。再生不可能な原料という問題もあり、それを再生可能にするにはエチレンを再生可能原料にすればいい。

このエチレンをある程度の数でくっつけると、ジェット燃料として使えます。このエチレンからの流れはサフにも繋がります。

渡部　1回製品にしたものを、エチレンに戻すのですか？

中村　そうです。たとえばエタノールをエチレンに化学変換する。エタノールは、お酒と同じように、発酵でつくります。そのもとがトウモロコシだったり、木だったりするわけです。
それを王子ホールディングスは、パルプの原料である木材チップでやろうとしています。チップからブドウ糖をつくることができれば、エタノールが、そしてエチレンができる。木材からエチレンができれば、再生可能な燃料として、サフがつくれるというわけです。

渡部　農作物を発酵させてエタノールをつくり、そのエタノールからエチレンができる。そのエチレンのつなぎ方をコントロールすることで、サフができる。つまりサフをつくるにあたり、植物由来の農作物や木を燃料にする。これだと再生可能な燃料になる。これを化学の力で行うということですね。

中村　そうです。

第3章

未来を拓くユニークな化学会社の新技術

◇何にでも効く、ペプチドリームが開発する無限の可能性を持つ薬

渡部　前章では化学会社の中でも、とくに期待がかかる分野について議論しました。本章では未来を拓く、ユニークな化学会社について議論したいと思います。中村先生から見てユニークな化学会社は、どのようなものがありますか？

中村　たとえばペプチドリームです。

渡部　上場会社ですね。創薬会社でよろしいですか。

中村　はい。社名にもなっているペプチドは、アミノ酸がペプチド結合してつながっているタンパク質の一種です。私たちの体をつくっているのもペプチドです。前にポリ（重合）は、いろいろな分子が数珠つなぎのようになっていると述べましたが、同じように数珠つなぎになって、筋肉やコラーゲンや臓器をつくっています。

東京大学の菅裕明教授が、直線ではなく、くるっと輪を巻いたような「特殊ペプチド」類の良い合成法を開発したのです。こうするとタンパク質を分解するはずの酵素が分解をやめて、体内でふつうのタンパク質とは違う働きをすることがわかった。こ

れを薬にできないかと、菅教授がペプチドリームを立ち上げ、開発を始めたのです。難しかったのがきれいに巻いて、キチンと作る技術ですが、それができるようになったのがペプチドリーム設立の肚です。

渡部　何の薬になるのですか？

中村　どんな薬にでもなる可能性があります。がんでも、何でも。体内で免疫機能や化合物の分泌などを調節しているのもタンパク質です。そのタンパク質に特殊ペプチドがくっつくことで、動きを止めたり、加速したりできる。そこからさまざまな治療に使えるという考え方で、無限の可能性があります。

渡部　それはすごいですね。

中村　ただし無限の可能性は、一歩まちがえると、「可能性ゼロ」ともなってしまいます。無限の中の一つを見つけるという話ですから。難しいだろうという製薬関係者もいます。

渡部　それでも理屈としては通っているのですね。

中村　そうですね。

渡部　時価総額は１９００億円ですか？

中村　一時は7000億円ぐらいまで行きました。菅教授も大株主なので、当時は500～600億円ほどの資産となりますね。東京大学の授業でも学生にその話をして、「若手に夢を与える」と言っていたようです。いまは同社の経営から身を引いていますが、ケミカルドリームですね。

渡部　ドラッグ・デリバリー・システムも使っていると聞きます。薬を必要な量だけ、必要な場所、必要な時間にピンポイントで届ける。これも可能ですか？

中村　ペプチドリームは、できると言っています。

渡部　いまの薬は、体に届くまでに大半が分解されてしまいます。ペプチドリームは、体内に入っても分解されにくいシステムを開発したということですね。このシステムに薬剤を乗せて体に入れれば、たとえばがん細胞まで、必要な量を確実に届けられるということですね。

中村　しかも特殊ペプチドをうまく選ぶと、がん細胞だけに特異的にも届けられます。ただし、まだ商品化されていません。株価も6000円を超えた時期もありましたが、その後大きく下がっています。

一時期6000円まで行ったのは、この頃に世界中の大手製薬メーカーと研究開発契約を結んだからです。

渡部　営業利益を見ると、当初は赤字でしたが、いまは黒字になっています。３００億円の売上げで、63億円の黒字です。

中村　まだ薬はできていないから、モノを売っているのではないでしょう。たとえば大手と数百億円で複数年契約して、マイルストーン収入を得る。これを売上げに計上しているといった形でしょう。そして契約期間が終わると延長することもあれば、打ち切られることもある。

渡部　ただ技術自体は期待できるわけですね。薬が完成すれば、さらに大きく化けるかもしれません。

◇大阪・関西万博の目玉、心臓に直接貼り付ける心筋細胞シート

渡部　あと先日、私が出演する経済専門チャンネル日経ＣＮＢＣの「複眼流　投資家道中ひざくりげ」で取材させていただいたのが、大阪大学の澤芳樹教授が開発した、ｉＰＳ細胞でつくった心筋細胞シートです。１円玉ぐらいの半透明の薄いシートで、培養

液に入っていてクラゲみたいに動くのです。なぜ何もないのに動くのかというと、心臓の筋肉の心筋細胞は、脳からの指令ではなく細胞レベルで司令塔みたいなものがあって自立して動くのだそうです。

これを心臓の表面にペタッと貼り付けると、まず心臓にくっつきます。しばらくすると、血管につながるのです。

中村 同化するわけですね。

渡部 すると、いい因子が放出されて、機能が低下していた心臓が元気になるそうです。足の筋肉が衰えると歩けなくなるのと同じで、心不全は、心臓の筋力が衰えて心臓の働きが悪くなるというものです。それがこのシートを貼ると、元気になる。２０２５年の大阪・関西万博で、目玉展示の一つになるそうです。

澤教授は研究者だけではなく、心臓外科の臨床医でもあり、40年間で１万人の手術をやっています。クオリプスというベンチャーを立ち上げ、上場もしているので、私はこの心筋細胞シートに衝撃を受けて、即座に株を買ってしまいました。

もう一つ、面白いのが金属加工油剤で国内首位のユシロ化学工業です。ここが開発したのが「自己修復性ポリマーゲル」というもので、もちもちした樹脂なのですが、一度切断したら二度と元に戻らないという常識を覆して、もう一回くっつけると切り口が一体化して、またくっついて離れなくなるというものです。

中村　理化学研究所で開発しているそうですね。

渡部　ただ技術はあるけれど、何に使ったらいいかわからない（笑）。

中村　そこを考えていくのも面白そうですね。

渡部　その有機樹脂の場合、手術の練習用に使えるそうです。メスで切ってもまたくっつくから、何度でも練習できるというわけです。

◇京都大学の研究者が立ち上げたベンチャー企業4選

中村　なお、京都大学にも大学発のベンチャーがいろいろあります。まずご紹介したいのは、2021年7月に設立され、私が創業者の一人として取締役を務める株式会社TSKです。鉄触媒合成技術をもとに、合成反応の基礎研究や、鉄触媒を用いた材料開発を行っています。この私の会社については、のちほど第4章で詳しくご説明します。

それ以外の、京都大学発の化学ベンチャーの4社ご紹介します。一つは、透明の太陽電池をつくる会社です。

渡部 透明。つまりガラスなどに入れられるということですか？

中村 そうです。目に見える光は通すけれど、そうではない赤外線などを捉えて、電気に転換するというものです。ＯＰＴＭＡＳＳ（オプトマス）という会社で、京都大学化学研究所の坂本雅典准教授が開発した透明太陽電池の社会実装を目指しています。赤外線は太陽光の44％を占めるのですが、実は太陽光発電にも植物の光合成にも使われていません。ビルの窓ガラスに透明太陽電池を組み込むことで、町が赤外線を使った発電所になります。人類の新しいエネルギー源として期待されています。

同じく太陽電池の分野で、化学研究所の同僚でペロブスカイト太陽電池を開発した若宮淳志教授が立ち上げた、エネコートテクノロジーズもあります。ここで開発しているのは、発電できるとても薄いシートです。ペロブスカイト太陽電池と呼ばれるものです。

渡部 ペロブスカイト太陽電池は、いま話題ですよね。柔らかくて、曲げて球体に貼り付けられたりできる。軽いので、壁にも貼り付けられる。ロシア人科学者の名前にちなんだ名前で言いにくいですが（笑）。

中村　そのペロブスカイト太陽電池を独自技術により、ふつうのシリコン太陽電池を超える発電効率のよいものをつくろうとしています。トヨタとの共同開発で、これを搭載すれば、現在の電気自動車より航続距離が伸びるとされています。

３つ目は、京都フュージョニアリングです。核融合発電の研究開発をする会社で、有名なのでご存じかもしれません。京都大学エネルギー理工学研究所の小西哲之教授らが立ち上げました。

渡部　大手商社をはじめ、17社が１００億円出資したことで話題になりましたね。

中村　そうです。核融合を行うと、膨大なエネルギーが出ます。ただし、そのエネルギーをどう取り出せばいいかは、あまりわかっていません。そのエネルギーを熱に変えたり、電気に変えたりするための周辺機器をつくっている会社です。

世界初となる小規模な実験用の発電プラントを建設中で、核融合そのものではなく、その周りを攻めようというものです。

渡部　原子を利用して発電する方法には、核分裂と核融合があります。核分裂は、いわばくっついていた原子が離婚する。離婚することで爆発して得られるエネルギーを利用するというものです。

現在、原子力発電で行っているのは核分裂です。核融合は逆に、原子がくっつくことで生まれるエネルギーを利用しようとするものです。核分裂が離婚なら、核融合は結婚ということですね。核分裂と違って、放射能が出ません。太陽の内部で起きていることと同じで、核融合発電は、いわば小さい太陽をつくるとするものです。

中村　小さな原子がくっついて、大きな原子になる。たとえば水素がくっついてヘリウムになるときに生じるエネルギーを使うのです。世界中で研究が進んでいます。

渡部　日本は進んでいるほうですよね。

中村　京都大学の宇治キャンパスに、核融合実験設備があるのです。原子核と電子が離れている高エネルギー状態をプラズマ状態といい、強い電磁応答性を持ちます。太陽もプラズマ状態で、ここに特殊な強い磁場をかけるとその空間中にプラズマを安定的に保つことができます。

核融合設備は極めて高温になるので、真空中に保っていないと周辺が溶けてしまう。それを防ぐために浮かせているのです。そのための施設をつくっている会社です。

ほかにも核融合の実験を行っている施設はありますが、核融合の問題の一つに、インプットに比べてアウトプットの難しさがあります。ものすごいエネルギーをかけてプラズマを発生させて保持しているのに、それを取り出すことができない。

取り出せるようになれば、これはもう太陽と同じです。無限のエネルギーが手に入る、夢の技術です。世界中で何拠点もあって、みんな懸命に開発しています。

渡部　温度が1億度にも達するから、熱すぎて入れる容器がない。だからプラズマを浮かす。宙に浮かせたまま、容器に入れることが大事になる。そうしてエネルギーが発生しているのに、取り出す方法がわからない。それをうまく取り出すための装置を開発しているのですね。

中村　最後が、生存圏研究所の篠原真毅教授らが立ち上げたＳｐａｃｅ　Ｐｏｗｅｒ　Ｔｅｃｈｎｏｌｏｇｉｅｓ（スペース・パワー・テクノロジーズ）です。これはマイクロ波送電機器の開発・製造を行うベンチャーです。

最近のスマホはワイヤレス充電ができますね。ケーブルでつながなくても、充電器に置くだけで充電できる。これは電子レンジで使われているラジオ波のような波長の長い電波を飛ばし、空間に入ると自然に充電できるというものです。

同じことをより大空間で行うというもので、たとえば高速道路に設置して、充電せずにEVを走らせる。あるいは宇宙に太陽光発電装置を設置して、マイクロ波で地上に電気を送る。わかりやすい技術なので、資金もかなり集まっています。

渡部　確かにわかりやすい。そうした構想は、何十年も前からありますね。

中村　京都大学には、京都大学イノベーションキャピタルという投資会社があります。TSKも、ここから2億円ほど出資してもらっています。国立大の研究者による「知」を事業化しようというもので、多くの国立大学にベンチャー支援が広がっています。

渡部　大学発のベンチャー企業も要注目ですね。

◇戦後日本が石油に特化した産業政策を図った理由

渡部　新技術によって、画期的にコストを下げたり、環境問題に貢献したり、公害をなくしたりする。中村先生が関わっているビジネスもそうですね。

中村　触媒の原料を変えたり、素材の原料を変えるのです。従来、稀少金属のパナジウムを使っていたところを、鉄に変える。あるいは原油を使っていたところを、木材に変える。

もともと人間は燃料として木材を使っていました。それが石炭や石油になり、さらに天然ガスも使うようになった。それが時代の流れで化石燃料はダメとなって、もう一度、地上資源で森林資源を使おうという流れになっています。私が関わっているビジネスも、そうした流れのなかに存在しています。

渡部　日本ではもともと木や木炭を使っていたのに、やがて石炭に代わり、戦後になると石油に大転換します。日本には豊富な石炭資源があるのに、まだまだ掘れる炭鉱も閉山して、石油に特化した。なぜ、このようになったのでしょう。

中村　当時の通産省が、日本で化学産業に力を入れると決めたのです。化学産業は、石油のほうが使い出がありますから。

原油はとても燃えやすいため、かつては大量に輸入することができませんでした。それがタンカーの登場で可能になった。そこで石油を使った化学産業に舵を切ったのです。日本のものづくりの技術を生かし、高付加価値産業に傾注する。それしか日本が成長する道はないと考えたのです。

コンビナートの建設資金も、そこに関わる各社は、ほとんど無利子だったのではないでしょうか。本来なら設備投資に莫大なお金がかかるのに、極めて有利な条件で建設できた。そこで使う石油は、まさに燃料＝エネルギーにもなるし、物質＝素材にもなった。

渡部　これが石炭だったら、どうなのでしょう？

中村　燃料として考えたとき、石炭は自動車を走らせたり、飛行機を飛ばすにはむかない。材料としても、石炭をエチレンに精製したり染料にするのは、大変な手間がかかります。そこは固体と液体の差でもあります。石炭は石と同じなので、石油よりずっと使い勝手が悪く、石油は流動性があるので変化させやすい。

石油化学産業の重要性が、欧米の技術を解析することでわかったこともあります。戦時中すでにアメリカは、レーダーの部品にポリエチレンなどを使っていました。ポリエチレンをつくるには石油からエチレンを取り出す必要があり、日本ではまだその技術が開発されていなかった。これも敗戦理由の一つと考えられた。だから石油化学産業に力を入れた部分もあるでしょう。

同時に、資源を保存する意図があったのかもしれません。石炭を温存することで、いざとなれば再び掘って燃料にできる。実際、日本の化学工場の電力は、みな自社の石炭火力発電で賄っています。いまは中国から輸入していますが、そのルートが断たれたら国内産で代替できます。

渡部　確かに、かつての福島県の磐城炭鉱を見学に行ったとき、いまでも埋蔵量が山ほどあると聞きました。

中村　ただし大きな声では言いません。戦略物資なので（笑）。

渡部　コストの問題はありますが、コストを度外視すれば、いくらでも掘れる。北海道や九州にも、そうした鉱山はたくさんありそうです。

中村　どこにでもあるはずです。石炭の埋蔵量は尋常じゃありません。円安が進んだり、中国が輸出をストップして輸入が難しくなったら、国産にすればいいのです。

◆製薬も国内回帰の時代に

中村　国産ということでは、海外に出て行った化学工場も、国内回帰を始めています。たとえば薬の合成では何段階も化合物を変化させますが、これまで国内で行ってきたのは最終段階だけです。

製薬では、最終段階はサリドマイドの事例もあり、厚労省の審査が厳しいのです。GMP（グッド・マニュファクチャリング・プラクティス＝医薬品の製造管理及び品質管理の基準）の規制の下、すべての化学合成を申請どおりにコントロールできなければいけない。それには超高度な生産技術が必要なので、日本で行っています。

一方、中間段階は中国やインド、台湾などに発注していましたが、人件費の高騰などでコストが見合わなくなりだしています。インドネシアやベトナムではまだ技術的に難しいので、国内回帰を始めているのです。

日本にはクミアイ化学工業という受託合成を行う会社があり、未上場ですが、すごく元気です。また日本プロセス化学会という、薬や農薬の製造技術を研究する学会があります。昨年の夏講演をさせて頂きましたが、ここには約８００人の参加登録者がありました。普通の学会には３００～４００人が参加登録しているものです。この日本プロセス化学会にはその倍ぐらい人がいて、そのうち7、８割が中間体ビジネスに関わっています。すごい熱気でした。日本に生産が回帰し始めているのです。

渡部　最近はやりのジェネリック（後発医薬品）も、中間体をつくる会社がつくっているのですか？

複眼経済塾 | プロの講師が楽しく投資する方法を教えます！

四季報読破27年！ファンダメンタル分析の第一人者。

代表取締役・塾長
渡部 清二
常勤講師

日本証券アナリスト協会認定アナリスト(CMA)、国際テクニカルアナリスト連盟認定テクニカルアナリスト（CFTe)、AFP（日本FP協会認定)。野村證券を経て現職。東証ペンクラブ副会長、清泉女子大学講師。

ESGを黎明期より支えるサステナブル投資の第一人者。

取締役
シニアESGアナリスト
兼事務局長
瀧澤 信
常勤講師

日本証券アナリスト協会認定アナリスト(CMA)、２級ファイナンシャル・プランニング技能士(国家資格)。明治安田生命、野村證券等を経てサステイナブル・インベスター代表取締役就任（現任)。清泉女子大学講師。

経済専門チャンネルBloomberg TVの元・看板メインキャスター。

取締役・メディア局長
小笹 俊一
常勤講師

元・日本放送協会（NHK）アナウンサー。元・Bloomberg TV メインキャスター。NHK、Bloomberg、スパークス・グループ、セゾン投信等を経て現職。1994年、アジア太平洋放送連合コンクール奨励賞受賞。

テクニカル分析の世界的第一人者。

元・国際テクニカル
アナリスト連盟
理事・副会長
羽田 重年
非常勤講師

日本証券アナリスト協会認定アナリスト(CMA)、国際テクニカルアナリスト連盟認定テクニカルアナリスト（CFTe)。西友投資顧問ポートフォリオマネージャー、同社取締役運用担当・調査担当等歴任後、2017年同社定年退職。

証券会社での人事部経験豊富なキャリアコンサル

キャリアコンサルタント
社会保険労務士
大久保 佳子
ゲスト講師

社会保険労務士。野村證券、住友信託銀行等を経て、再度野村證券に復帰し人材開発部にて一貫して人事関連業務に従事。新卒採用からキャリア開発まで幅広く手掛ける。

女性に圧倒的人気を誇るトップ・ファイナンシャルプランナー

ファイナンシャルプランナー
(AFP)
松田 梓
ゲスト講師

AFP（日本FP協会認定)。NTTコミュニケーションズ、日本生命を経て、FPとして独立。2022年株式会社FP STYLEを設立し、代表取締役就任。

ご購読ありがとうございました。今後の出版企画の参考に致したいと存じますので、ぜひご意見をお聞かせください。

書籍名

お買い求めの動機

1　書店で見て　　2　新聞広告（紙名　　　　　　　　　）

3　書評・新刊紹介（掲載紙名　　　　　　　　　）

4　知人・同僚のすすめ　　5　上司、先生のすすめ　　6　その他

本書の装幀（カバー），デザインなどに関するご感想

1　洒落ていた　　2　めだっていた　　3　タイトルがよい

4　まあまあ　　5　よくない　　6　その他(　　　　　　　　　)

本書の定価についてご意見をお聞かせください

1　高い　　2　安い　　3　手ごろ　　4　その他(　　　　　　　　　)

本書についてご意見をお聞かせください

どんな出版をご希望ですか（著者、テーマなど）

郵便はがき

料金受取人払郵便

牛込局承認

9026

差出有効期間
2025年8月
19日まで
切手はいりません

162-8790

東京都新宿区矢来町114番地
神楽坂高橋ビル5F

株式会社ビジネス社

愛読者係 行

ご住所 〒			
TEL:　　(　　)		FAX:　　(　　)	
フリガナ お名前		年齢	性別 男・女
ご職業	メールアドレスまたはFAX メールまたはFAXによる新刊案内をご希望の方は、ご記入下さい。		
お買い上げ日・書店名 年　月　日	市区 町村		書店

中村　ジェネリックは基本的に、有効成分の分子構造や製法がわかっている薬のうち、特許の切れたものを、製剤法を変えるなどして製造しています。中間体の部分は、コストを抑えるためにインドや中国などに独自ルートを設け、安くつくってもらいます。そして最終段階は、不純物などをコントロールするため、国内で行います。

渡部　最終段階の製薬は、それほど難しいのですか？

中村　すべて海外でつくるものもあります。そうでないと輸入したワクチンも使えなくなりますから。

渡部　ジェネリックが安いのは、中間体を海外から安く仕入れるからですか？

中村　特許切れのものを使っているので、もともと研究開発費がかかっていないこともあります。一つの薬を生みだすには、何百億円もの研究開発費がかかり、薬価もそれ基づいて決まります。ジェネリックはその部分を含んでいません。これも価格が安くなる理由です。

◇薬に関して気になる問題

渡部　ちなみに薬については、飲むことで病気になるという話もありますね。

中村　いまの薬は対症療法ですから。解熱剤で熱を下げた結果、感染症がよりひどくなるなんてこともあります。新型コロナウイルスもそうです。高熱が出たので解熱剤を飲んだところ、体内でウイルスが活発化して死亡したケースもあります。

昔からある話で、昭和20年代に野口整体が出てきたのも、そうした流れがある気がします。野口晴哉氏が提唱した整体法で、病そのものを治療することはやめ、患者自らの力を引き出し、治癒力を高めて病気を治すやり方です。私も賛同します。

渡部　以前、龍角散の藤井隆太社長とお話しした時も、そう言っていました。昔は予防医学として、生薬や漢方によって病気になる以前から対応していた。そもそも病気にならないことが大事だったのに、いまはそういう考えは古くてダメだとなっています。

今の日本では多くの人が病気になってから、それを治そうとして薬を飲むのですが、かえって悪化するケースも多い。そこでまた別の薬を飲み……といった具合で、結果として医療費が何十兆円もかかる国になってしまいました。

中村　とくに私が問題だと思うのが、うつ病のような精神症状に用いられる向精神薬、抗うつ剤です。「抗うつ剤で人生がよくなるはずがない」と、あるアメリカの製薬会社の人が言っていました。

もちろん症状がおさまる場合もあります。ただしなぜ効くのか、理屈はよくわかっていない。患者さんごとで反応が異なる。飲ませてみてしばらく様子を見る。効かなければ別の薬を飲ませる。抗うつ剤の薬は何種類もあるので、いろいろ試すのです。

渡部　そうして製薬会社は売り上げを上げる。

中村　そもそも製薬会社が大きく儲けていること自体、どうかと思います。日本では調剤薬は健康保険が効くので、患者の払う薬代が安くすむ。だから患者から金銭的な不満が出にくいので、薬がどんどん出されるのです。薬代の7割から9割は、健康保険で賄われますから。

渡部　薬ということでは、農薬も危険です。ベトナム戦争で使われた猛毒の枯葉剤をつくっていた会社が、種子や一般向けの除草剤を出したりしています。あれは大丈夫でしょうか？

中村　草刈りは昔、みんな手でむしっていました。それが「これをかければ雑草だけ枯れます」「手間が省けます」ということで除草剤を使いだすのですが、除草剤は雑草だけでなく土中の微生物や虫も殺す可能性があります。これは生態系を狂わせることにもなります。

もう一つ危険を感じるのが、近年増えている遺伝子編集です。遺伝子組み換えが、ある遺伝子を外から組み入れる「足し算」なのに対し、遺伝子編集は特定のＤＮＡを切断し、そのＤＮＡに関わる機能を失わせる「引き算」といわれます。

「引き算だから安心」などというのですが、引き算した部分が、果たしていた役割を、全て理解することはできません。そう考えると薬同様、「本当に大丈夫なの？」という懸念が生じます。「大丈夫です。私も食べました。うまかったです」と言う人もいますが、私は食べないし、子どもにも食べさせませんね。

渡部　本当です。私もそう思います。

第4章

レアメタルが不要になる最先端技術「鉄触媒」とは

◇有機物と無機物の違い

渡部　前章では、化学会社の中でも、とくに新技術で未来を拓くことが期待されるベンチャー企業をご紹介しました。中村先生のＴＳＫもそうした会社の一つで、同社が持つ新技術として特徴的なものが「鉄触媒」です。

化学合成する際に使う触媒としては、パラジウムなどのレアメタルを使うのが一般的です。この触媒を、身近な存在である「鉄」に置き換えて化学合成する技術です。触媒とは化学反応を促進させる物質のことで、化学に馴染みのない人にはピンと来にくいかもしれません。

本章では触媒ならびに、中村先生が開発した鉄触媒について議論していきますが、その前に触媒を語るうえで前提となる、化学の基礎的な話をしたいと思います。

中村先生の研究内容は、化学の中でもとくに有機合成反応にまつわるものですね。まず有機化学とはどのようなものですか？

中村　化学には、有機化学と無機化学があり、有機化学は有機物をつくる化学です。有機物は、炭素と炭素がつながった構造をしたものです。逆に炭素が入っていないものは、無機物になります。たとえばエチレンは分子式がC_2H_4で、構造式が$CH_2=CH_2$。だから有機物になります。

渡部　炭素が入っていれば、すべて有機物ですか？

中村　例外もあります。たとえば二酸化炭素です。CO_2なので、Cつまり炭素が入っていますが、有機物とはいいません。なぜなら二酸化炭素は、水（H_2O）に溶かすと、分子式はCH_2O_3になります。これは炭酸水です。

渡部　水は有機物ですか？

中村　無機物です。H_2Oで、炭素がありませんから。炭酸水は炭素が入っているので有機物に思われるかもしれませんが、水と同じように誰もこれを有機物とはいいません。

ただし、もう一つ炭素が加わると、有機物になります。光合成において、植物の葉が光を受け、そこに二酸化炭素と水があればブドウ糖ができます。６つの二酸化炭素と12の水から成る塊（$6CO_2+12H_2O$）になり、ここから酸素と水を分離すると、ブドウ糖（$C_6H_{12}O_6$）になる。これは有機物です。

炭素と炭素がつながった骨格をしていて、いわば人間の骨格と同じです。炭素の骨格を持っているのが有機物です。

渡部　化学の教科書で、よく六角形みたいな図を見ますね。

中村　炭素が六角形につながっているのがベンゼンです。それぞれの炭素に、水素がつながっています。これと似ているのがブドウ糖の構造式です。

渡部　ブドウ糖は燃えますね。つまり炭素が入っている。燃えるものが有機物ということですか?

中村　基本はそうです。燃えやすいものと燃えにくいものがありますが。

渡部　一方、無機物は燃えない。鉱物みたいな印象です。

中村　鉱物は無機物です。ただし燃えるものもあり、鉄も無機物ですが、厳密には燃えます。酸素の中に入れて火をつけると、バチバチっと燃える。テルミット反応と呼ばれるものです。

渡部　マグネシウムも燃えますね。理科の実験でやりました。とはいえ、原則的に「無機物は燃えない」「有機物は燃える」でいいですね。そして無機化学は、鉱物を何かしら加工して製品化するイメージです。

中村　わかりやすいのが、セラミック、つまり土器です。土を焼いて変化させ、製品をつくる。京セラがやっているのは、まさにこれです。いままで金属や有機物でつくっていた製品を、セラミックにどんどん置き換えたのが京セラです。

渡部　なるほど。そして土器と木器で見ると、土器が無機物で、木器が有機物ということですね。

中村　また大昔の道具でいうと、漆塗りは有機物です。一方で鍬の刀は無機物。金属とは無機物を精錬したものです。基本的に金属はもともと、酸素がくっついた状態で世の中に存在しています。そこにエネルギーを加え、酸素を追い出すことで、金属だけ取り出すのです。

たとえば鉄は、石炭やコークスと一緒に、酸素のない状態で蒸し焼きにすると、鉄にくっついていた酸素が炭素にくっつき、二酸化炭素になって飛んでいきます。その結果、いままでは酸化してサビていた鉄が、ピカピカの鉄に変わるのです。

サビとは、いわばゆっくり燃えている状態です。酸化したり、ゆっくり燃えている状態で存在しているのが鉄鉱石です。

あるいは砂は、ケイ素と酸素でできています。これに大量の電気エネルギーをかけると、酸素が飛んで、金属体としてのケイ素が取れます。ものすごく精錬したケイ素を直径30センチぐらいで伸ばし、薄切りにしたのが、シリコンウエハーです。これが、半導体の基盤になります。シリコンウエハーはケイ素を含んだケイ石から抽出するもので、要は石からできているのです。

渡部 鍬のことをもう少し話すと、遺跡から出てくる埋蔵物の中で、鍬の柄の部分は残らず、刀の鉄の部分だけ残っているのは、鉄が錆びてもなかなか腐らず、柄は木製で腐りやすいからです。

中村 ただ木製でも漆塗りに関しては例外的です。北海道から縄文時代、いまから７５００年前の漆塗りの櫛が、沼の底から発見されました。ただの木に樹液を塗っただけなのに、７５００年も形をとどめていたのです。

渡部 それはすごい。漆を塗っていたから腐らなかったのですね。

中村 水中にあったので、腐りにくかったということもあるでしょう。しかし漆の効果も見逃せません。漆は木の樹脂を塗料にしたもので、いわばプラスチックです。日本人は、プラスチックと樹脂を別物と考えがちですが、英語ではプラスチックも樹脂もレジンも、同じものを指します。

樹脂は、樹の脂から取れたものだから、樹脂といいます。プラスチックは、熱をかけると軟らかくなり、冷えると固まる性質を持つ可塑剤（プラスティサイザー）という有機物を混ぜ込んだものです。日本人は、この可塑剤が入っていたりしてやわらかくなっているものをプラスチックと呼んでいるのです。

渡部　プラスチックはもともと「樹脂」の意味なんですね。

中村　そして樹脂の元祖が漆です。ただ天然の漆は、いま日本では大変な危機に瀕しています。流通量がたいへん少なくなっている。さらに漆塗りの技術の継承者が減っているから、修復などが滞っています。慌てて青森や丹後で、技術を復活させようとしています。

渡部　そして文化庁は、日本各地の文化財の修復に日本産の漆を使うよう、奨励しています。このきっかけは、金融アナリストのデービッド・アトキンソン氏です。彼は小西美術工藝社という、伝統的な寺社建築や文化財の修復などを行う最大手の会社の社長でもあり、声を上げたようです。

話は変わりますが、プラスチックに関するエピソードを一つ。先日、母校の筑波大学50周年の基調講演で、ノーベル化学賞を受賞した白川英樹先生の話を聞きました。

受賞理由を簡単にいうと、プラスチックに電流を流す技術です。
化学における結合は、電子がつながっている状態を指します。炭素同士がつながっていたら、炭素の電子を通して電気が通じるはずなのに、どうしてもきれいに通じない。ところがあるとき、培養液の量を間違えて、時間や触媒の量も間違えたら、ピカピカのきれいなフィルムができた。

中村 金属光沢ですね。

渡部 そのフィルムに電気を通したら、電気が流れた。

中村 電気が流れるには、炭素と炭素が「＝」のように2本の手でつながっている必要があるのです。ところがポリエチレンは、炭素と炭素が1本でつながる構造で、これだと電気は流れません。
一方アセチレンは、もともと炭素が3本でつながっていて、これが隣のアセチレンとつながると、2本、1本、2本、1本とつながり方が交互に変わるのです。そして、このように交互につながっていると、電気が流れる。

渡部 2本つながっていると電気が流れる。1本のときはダメなのですね。

中村 1本は、形をつくるために必要で、2本目は、電気を流すためにある。当初は、そのような重合がうまくできなかったけれど、触媒の濃度を間違えたら、ピカピカに光るフィルムができたというのが、いまの話です。

渡部　炭素のつながり方は単純なので、白川先生のお話は、なんとなく素人でもわかりました。電池の中は炭素ですから、炭素が含まれる物質には、電気が通るのだろうと。そういうことがわかると、化学が身近になり、面白く感じられますね。

◇なぜレアメタルでなく、鉄なのか

渡部　では、ここからいよいよ鉄触媒の話に移りたいと思います。中村先生が研究しているのは、物質を化学変化させて燃料や物質にする際の触媒として、鉄を用いるというものですね。一般的なレアメタルを使わない。レアメタルは希少で価格も高い。それを鉄に置き換えようというわけです。

中村　レアメタルは、産地も限定されます。パラジウムに関していうと、7割5分から8割ぐらいが、ロシアと南アフリカで、半分ずつぐらい採れます。ロシアではノリリスクにあるノリニッケルという国営会社が採掘しています。

このパラジウムは、携帯電話やモニターのパネルに使われる有機ＥＬをはじめ、様々な化合物群をつくるのに欠かせない金属です。

パラジウムの採掘場所の多くは山奥にあるので、かつての神岡鉱山や足尾銅山で行われたように、廃液などによる公害問題が生じます。

ロシアのノリニッケルでも垂れ流しをしていて、工場近くの川が真っ赤に染まっているのが衛星写真でわかり、問題になりました。その後、ウクライナ戦争が起こったので、忘れられていますが……。

そしてウクライナ戦争が起きたことで、パラジウムの値段が高騰し、いよいよ手に入らなくなっています。有機ＥＬパネルを生産しているのは、サムスンディスプレイやＬＧといった、韓国の会社です。日本は、ほとんどつくっていません。その韓国が、パラジウムのコスト高で有機ＥＬ材料の合成に困っているのです。サムスンディスプレイは、タブレット用のパネルをどんどんつくって売るため、新工場も建てているのに、原料の供給が懸念されかねない状況です。

そんなコスト高や入手の不安定さを解消する方法を考えたとき、「なら、パラジウムを使わなければいい」というのが私の発想の原点です。

ここで代替品が他のレアメタルでは、根本的な解決にはなりません。身近にあって、安く手に入ることが大事になります。そして世の中で一番多くある金属は、鉄です。人類が昔からつきあってきた金属であり、われわれの生態系も命も、鉄がなくてはつながりません。鉄こそが根源金属で、その鉄に注目したのです。

渡部　なるほど。人類に最も身近な金属が鉄で、だから鉄を使うのですね。触媒が鉄でも可能となれば、誰でも手軽に使えるようになります。コストに置き換えれば、何万分の1になるのですね。

中村　ただし、単に鉄を持ってきただけでは、何も反応が起こらず、触媒にはなりません。ここで化学が面白いのは、ある元素とある元素がくっつくと、違う性質を持つ化合物ができるということです。たとえば鉄に炭素など別の元素をくっつけることで、触媒としての性質を持つ化合物にもなるのです。

いま世の中にある元素は、全部で118種です。性質は組み合わせで決まるので、触媒になる可能性は、ほぼ無限にあります。運がよければ、誰でも見つけられます。ただしその運は、1億円の宝くじを100回連続で当てるようなものです。無限の可能性は、ややもすると可能性ゼロってやつですね。

◇触媒の役割は、新しい化合物と新しい価値を生みだすこと

渡部 そもそも触媒とは何でしょうか?

中村 最近は、日常用語でも使いますよね。

渡部 触媒は英語で「カタリスト(catalyst)」です。株を投資する際に「カタリストは何か?」といった言い方をします。

中村 このときのカタリストは、「株価が上昇するための触媒」といった意味ですね。同じように、「新しい物質を生みだす存在」といった意味です。エタノールをエチレンにするときも、触媒が必要です。なくてもできますが、とてつもないエネルギーが必要で、コストが見合わない。ここに触媒があれば、非常に低いエネルギー、つまり低コストでできます。

渡部 2つの液体があったとして、そこに触媒を加えると、化学反応が起こるという感じですか?

中村 たとえば料理をつくるときです。ジャガイモや人参を切って鍋に入れ、豚肉と一緒

にグツグツ煮るだけでは、おいしい料理とはいえません。これに味噌を入れると、豚汁という、おいしい料理になります。あるいはカレールーを入れると、カレーになります。同じおいしい料理でも、入れるものによって味はまったく違います。

この味噌やカレールーが、いわば触媒です。つまりジャガイモ、人参、豚肉と同じ組み合わせでも、入れる触媒が違うと、できるものがまったく違ってくるのです。同様に、同じ分子の組み合わせでも、使う触媒によって、薬のように体に影響を与える物質になったり、有機ＥＬのように電気を流すと光る物質になる。あるいはサフのように、化石由来ではない再生可能な燃料にもなる。

いわば物質が変化する根源的な事象を、それぞれの触媒が司っているのです。

渡部　料理の例でいうと、塩や砂糖も触媒ですか。

中村　塩や砂糖は、ただしょっぱくなったり、甘くなるだけなので違います。つまりカレーならカレールーが大事で、それが入ることでカレーに変化する。ただしルーだけ食べても、おいしくはない。

触媒も、それ自体はあまり意味を持ちません。ルーが入ることでカレーになるように、触媒が入ることで変化が生まれ、意味合いを持った化合物ができる。

有機ＥＬは、電気を流すと光る物質を積層して、電気を流すことで光らせるというものです。緑、青、赤の３色あり、これをうまく装置的にコントロールしてモニターに映像を映す。そのためには化合物一つ一つを異なるタイミングで異なる色で光らせる必要がある。その化合物一つ一つを作るのに触媒が、カレールーが必要なのです。

渡部　もともとは野菜と豚肉を煮込んだだけのものが、入れる触媒によって、いろいろな料理になるということですね。

中村　新しい価値を生むのです。できた料理が、カレーなら価値があると考える人もいれば、豚汁じゃないと価値がないと考える人もいる。これは人間が勝手に決めるものです。サフも同じで、再生可能な資源で航空燃料をつくる必要が出たとき、サフが意味を持つようになったのです。

◇気軽に世話焼きする〝大阪のおばちゃん〟のような存在が鉄触媒

中村　その触媒として、これまでパラジウムを使ってきましたが、鉄でも同じことができるようになるのです。逆にいえば、パラジウム触媒と同じものができることに、鉄触媒の価値があります。
パラジウムでつくられているものを全部、鉄を触媒としてつくれるようにするというのが私の夢であり、ＴＳＫを設立した動機です。

渡部　たとえは有機ＥＬ材料一つ一つをつくるとき、パラジウムは触媒として、どの段階で、どのように使われるのですか？

中村　ここにフラスコがあるとします。そこに原料Ａと原料Ｂを入れても、粉のままだと何も反応しません。そこで、まずは水で溶かして混ぜてみます。ところが混ぜただけでも、反応が起きない。さらに加熱しても何も起きない。そんな二つの物質がある場合、触媒を入れるのです。

渡部　触媒は固体ですか。粉ですか。液体ですか？

中村　粉です。いわば香辛料みたいな粉で、これをフラスコの中に入れると、突然ＡとＢがくっつくのです。同時に不要なゴミも出てくるので、これを取り除きます。
つまり触媒を入れることで、Ａ＋Ｂが、ＣとＤという新しい二つの物質になるのです。Ｃが欲しい物質で、Ｄがゴミです。では触媒はどうなるかというと、触媒はＡとＢをくっつけただけで、何も変化しません。ある意味、別次元の存在です。

渡部　新しくできた有機ＥＬの中には、触媒は一成分として存在しますか？

中村　存在しません。混ぜ終わったら、取り除きます。いわばＡ＋Ｂ＋触媒が、ＣとＤと触媒になり、Ｄと触媒を取り除くのです。

渡部　ゴミとパラジウムを取り除くということですね。

中村　そう。できた化合物に金属不純物が入っていると、性能劣化を起こします。有機ＥＬなら、電気を流したときにショートして分解するとか……。

渡部　触媒を取り除いたら、新しくできたＣが、またＡとＢに戻ったりしませんか？

中村　戻りません。不可逆な化学反応ですから。

渡部　触媒は、中に入り込むものだと思っていましたが、違うのですね。パラジウム自体は、変化しないし、減りもしない。

中村　そのままではくっつかないＡとＢに、いわば「くっつきなさい」という情報を与えるのです。それが触媒の仕事で、ＡとＢをくっつけたら離れる。それを数えきれないほど膨大な量の分子に対し、行うのです。

渡部　つまり「ＡとＢは、もともと仲が悪かったけれど、触媒がＡとＢの間に入って仲裁してくれる。いったんＡとＢの仲がよくなれば、もう仲裁役がいなくても仲が悪くなることはない」という感じでしょうか？

中村　そう。仲人みたいな存在です。この仲人が従来はパラジウムで、高価な服を身にまとい、「何百万円払わないと何もしないわよ」と言っていた。それを近所のおばちゃんが、「私がやります。まかせなさい」と気軽に引き受けてくれる。これが鉄触媒です。高額な料金は、要らない。

〃パラジウム仲人〃は高額で、海外から呼んでこなければならない。しかもめったに見つからない。それよりも「大阪のおばちゃん」のような〃鉄仲人〃にお願いしたほうがいい、というわけです。気軽に「あんたら、くっつきなさい」と世話焼きしてくれる（笑）。

渡部　確かに仲人なら、二人がくっついたあとは、いなくなりますね。

中村　仲人はどんどんくっつけていくだけです。ただ大阪のおばちゃんでも、くっつけるのが上手な人もいれば、下手な人もいる。金属もそうです。鉄は、触媒が上手な金属ということです。

渡部　触媒となる鉄は、シンプルな鉄でなく、鉄と何かがくっついた鉄化合物ですか。

中村　そうです。パラジウムも、パラジウム単体ではなく、有機物との化合物です。パラジウムは銀歯にも使われますが、銀歯に使っているパラジウムをそのまま持ってきてもダメです。

触媒として使うには、パラジウムの周りにイオンの大きさを取り囲むぐらいの別の物質が必要です。仲人のおばちゃんでいえば、その人の持つ、道具立ても大事といった感じです。素敵な服を着た人のほうが、「この人の言うことを聞いたほうがいいかな」という気にさせますよね。鉄も同じで、周りにちょっとした工夫が要るのです。

渡部 その工夫を見つけた、ということですね。無限の組み合わせがある中で、見つけるコツがわかったということですか……。

中村 そうです。何度も何度も実験をしていくうちに、「これとこれをくっつけるには、こうしたらいい」ということが、何となく見えてきました。ただしそのためには、「こうしたらいい」とわかるまで、いろいろな実験をやり続ける必要がありました。

渡部 どれぐらいの時間で、わかるようになりましたか。

中村 10年から20年ほど続ける中で、何となくわかってきました。いろいろ試してみるうちに、たとえば5％だけ変化が起きた。「5％できたら、10％は簡単だな」「倍々で増やしていけるな」といったことが見えてきたのです。

そうして鉄触媒で有機ＥＬの素材ができると発表したのが、２０１２年です。日本経済新聞や日刊工業新聞などでも紹介されました。しかし残念ながら、ただちに「鉄触媒を使おう」という流れにはなりませんでした。

本来なら有機ＥＬの需要が高まるにつれ、コストも上昇することが予想できます。しかもパラジウムは毒性が強く、採掘の際に環境負荷がかかるという問題がありま す。ところが、ウクライナ戦争が始まるまでは、パラジウムも比較的安く簡単に手に入ったので、各社ともそれで満足していたのです。その結果として、我々の「鉄触媒」はほとんど普及しないまま、10年ほどが過ぎてしまいました。

◇薬も鉄触媒でつくれる

渡部　「鉄の星」である地球で、鉄を触媒に使うのは、ある意味、究極の理想ですよね。どんな化合物も、いくらでもつくれますから。

中村　ただ現状では燃料とかシンプルな化合物はつくれても、有機ＥＬの材料となると、まだまだ努力が必要です。パラジウム触媒と同じ品質で、価格は抑えるとなると、なおさらです。しかもサムスンディスプレイなど、韓国のパネルメーカーとの協力が不可欠になります。

渡部　鉄触媒は、有機ＥＬの材料以外にも適用できますか？

中村　できますが、一つ一つチューニングが必要です。

渡部　その組み合わせを見つけるのが、また大変なんですね。

中村　もちろんパラジウムでもそうですが、パラジウムはかなりの部分、すでにチューニングできています。一方の鉄は新参者で、不明な点も多い。それでも少しずつチューニング法が見えだしています。

渡部　鉄触媒で有機ＥＬ材料を合成する研究は、中村先生が始めたものですか？

中村　私が研究を始めた１９９６年の時点で、研究している人は誰もいませんでした。当時は有機ＥＬもなく、ディスプレイに使われていたのは主に液晶でした。

　薬の製造でも、パラジウムが使われていました。パラジウム触媒は、北海道大学の鈴木章名誉教授が、クロスカップリング反応という化学反応を発見したことで生まれます。これが２０１０年のノーベル化学賞受賞につながるのです。同じことをわれわれは、鉄でやろうとしているのです。

パラジウム触媒は、最初は液晶で始まりますが、液晶の価格が暴落して、安売り競争のようになってしまった。そこで価格の高い有機ＥＬで使うようになり、さらに薬でも使うようになったのです。鉄触媒も薬まで手掛けることを視野に、研究中です。

渡部　液晶に使ったのでは、いくら鉄触媒が安いといってもコストが合わないということですね。

中村　そうです。液晶は、そこまで下がりきりました。そこで薬です。以前小野薬品と共同研究を行い、１トンといったスケールで化合物をつくっています。

ナフサからつくるエチレンやプロピレンは、６００万トン、１０００万トンという規模感です。それに比べると１トンはあまりに少なく見えますが、薬の世界は価格帯が全然違います。それこそ６００万倍ぐらい差があります。

渡部　そんなに違うのですね。

中村　ただ医薬品合成では１回で薬になることはなく、AとBを足してCをつくり、CにDを足してEをつくり……といったことを繰り返します。だいたい7、８段階行うと、薬になります。最終的に、何十キロ程度の薬ができると、治験に入れます。

いろいろな患者さんに薬を飲んでもらい、効き目があるかどうかを確認する。このとき少しぐらいの効果があるだけではダメで、先行薬と比べて、目覚ましい効き目がなければ認められません。製法や値段は関係なく、その意味でもハードルが高い。一つの開発に何百億円もかかるので、薬の値段は高いのです。

しかも何百億円もかけてつくった薬が臨床試験で落ちたら、開発費はすべて無駄になります。そうした部分まで含めた価格です。薬価のうち3割は製薬会社の取り分で、これは少し多いかな、とは思いますが……。

渡部 それを鉄触媒でつくれるようになれば、薬の値段を少しは安くできるというわけですね。

中村 そうです。そもそも薬は、たとえば1錠が1グラムとして、有効成分は100分の1も入っていません。モノによっては99％以上は、有効成分を固めるための粉などです。粉自体の価格は0・0001円程度で、有効成分が入ることで、2000円になったりするのです。

渡部 そうした薬をつくるにも、パラジウムが必要だったのですか？

中村 そうです。たとえば2000年初頭に、世界中で売られはじめた血圧降下剤があります。ここに使われている一連の化合物も、パラジウム触媒でつくられています。2

０１０年に鈴木氏らがノーベル賞を受賞したのも、このことが関係していると思います。

渡部　それまでの触媒は、パラジウムしかなかったのですか？

中村　いろいろありますが、医薬品や液晶の材料が、パラジウムを使った有機合成でつくれるとわかったのです。そして鈴木氏らがパラジウム触媒をベースに、さまざまな化合物をつくるカップリング技術を開発した。道具箱の中の道具がたくさん増えたようなもので、色鉛筆なら１２０色の色鉛筆ができた感じです。

渡部　パラジウム触媒は有機化学の分野だけですか？

中村　自動車の分野にも使われています。排気ガスの浄化装置には「三元触媒」と呼ばれるパラジウム、ロジウム、白金が使われています。

渡部　排気ガスをきれいにする装置ですね。

中村　排ガスに含まれる窒素化合物を、窒素や酸素などに分解して無害化します。

渡部　排ガスをエンジンの中に通すだけで、できるのですか？

中村　熱のある状態で通せばできます。エンジンから出てくる排ガスは熱いですよね。その状態で触媒に通すと、酸性雨のもとになる硝酸などの窒素酸化物が、窒素や二酸化炭素などに分解されて排出されるのです。

渡部　先ほど、触媒の役割は物質Aと物質Bをくっつけて別の物質Cをつくること、と聞きました。この場合の触媒の役割は何ですか？

中村　先ほどの役割が仲人だとしたら、こちらは更生施設みたいなイメージです。犯罪を犯した子供は、そのままでは再び問題を犯しかねない。そこで更生施設で様々な問題を取り払い、清廉になって社会に戻ってもらう。そんな役割ですかね（笑）。

渡部　なるほど（笑）。

◇触媒があったから生命は誕生した

渡部　仲人と更生施設以外にも役割がありますか？

中村　工業的には、いま述べた有機触媒が大半ですが、ほかに生体触媒もあります。じつは体の中にも、触媒はたくさんあるのです。

渡部　体の中にある触媒を「生体触媒」というのですね。

中村　我々は、呼吸をしながら生活しています。これは呼吸によって取り込んだ酸素で、体内の燃料になるものを燃やしているのです。体温が36度などと熱を持っているのも、食べたものを燃料にして、ゆっくりコントロールしながら燃やしているからです。そのために必要なのが生体触媒です。一般に「酵素」と呼ばれるものです。英語でエンザイム。これはまさに触媒なのです。

酵素がないと、われわれの身体は成り立ちえません。人間の身体は、体内のさまざまな酵素が必要なタンパク質をつくってくれているからできているのです。遺伝子から情報を転写されて、食物を体を作る材料や体を動かす燃料に変化させる役割を果たしているのが、酵素という触媒なのです。

渡部　触媒が関わる現象はものすごく広いのですね。

中村　何か化学反応があったときに、その化学反応を進めるものは、基本的に触媒です。世界は化学変化で成り立っていますから、触媒がないとほとんどの反応は起きません。たぶん地球上で生命が誕生したときも、何かが触媒になって、それまでくっつかなかった物質同士がくっついて、命のもとであるアミノ酸が生まれ、タンパク質になった。極めて普遍的な現象です。熱や光・電子も触媒とされます。

面白いことに触媒という言葉は、一般社会でも普通に使われるようになりました。

たとえば人間関係がギスギスした職場に新しい人が入ってきて、いい雰囲気になった。このとき「彼はいい触媒になっているね」などと言ったりします。よい変化が生まれたときに、触媒という言葉が使われます。

また自分自身に対しても、「世の中を変える触媒になりたい」とか、本について「この本が世界をよくするための触媒になると嬉しい」などと言ったりもしますね。

◇植物の光合成にも鉄が必要

渡部　いま生命の話が出ましたが、無機物と無機物をくっつけて有機物になることは、絶対にないのですか？　アミノ酸は、有機物ですね。それは無機物と無機物が、何かのきっかけでくっついて、有機物になったということですか？

中村　基本的に有機物は、炭素がいくつかつながり、それと水素や酸素窒素がつながった化合物を指します。有機物を焼く、つまり酸化させればCO2、つまり二酸化炭素になります。ただし炭素一つで有機物と呼ばれるのは、メタン（CH4）だけです。CO2は有機物ではないのです。

CO_2は炭素が、酸化条件下で一番安定した形だからです。いまの地球環境だと、CO_2が安定です。炭素を焼いて生じるもので、これ以上、変化しないからです。だから溜まっていく一方で、みんな困っているのです。

そのCO₂を体に取り込める生物がいます。それが植物です。だから植物のほうが動物より「進化」していると、私は思っています。植物は独立栄養生物、動物は従属栄養生物です。二酸化炭素と水と太陽の光、あとは何種類かの微量の元素があれば、生きられるからです。

渡部　触媒があれば、水と二酸化炭素からブドウ糖ができる。ブドウ糖の分子式は、$C_6H_{12}O_6$ですから。この化学合成を植物は、葉っぱの中でやっているのです。

材料を集めて、自分の中で合成している。このとき鉄やマグネシウムなどの金属が、触媒として作用しているのですね。

中村　そうです。それがなければ発芽もしません。発芽するもとができませんから。

渡部　面白いですね。触媒というと、パラジウムなどレアメタルばかりイメージしがちですが、鉄などの身近な金属も、いろいろなところで触媒としての役割を果たしているのですね。

中村　もともと一番簡単に手に入る触媒は、塩酸や硫酸です。硫酸を触媒にして、エタノールをエチレンに変えることも、効率は悪いけれど、できます。

人間は1万年以上前から、穀物を食べていますね。これを発酵させて、エタノールというアルコールの一種をつくっていました。発酵液に熱を加えると、エタノールは水より沸点が低いので、水蒸気より先に出てきます。これが蒸留で、原油の蒸留と同じ原理です。アラビア人たちは1000年以上前に、蒸留器をつくり、エタノールを取り出していたのです。

一方、山に行けば、銅の硫酸塩である硫酸銅が、いくらでも取れます。硫酸も温泉地帯などにあります。

渡部　確かに硫黄泉は、硫酸銅が関係しますね。硝酸はどのようなところにあるのですか。

中村　硝酸の分子式は、HNO_3です。このうちNつまり窒素は、空気中にあります。この窒素が酸素と反応するとNO_X（ノックス）になります。NO_Xは車の排気ガスに少量含まれます。これが雨と一緒に地上に落ちると、硝酸になる。

「酸」と付くように、皮膚に触れたらタンパク質を分解します。地面に落ちたら、土壊が酸性化して、中にいる微生物が死んだりします。木や植物は微生物と共生していますから、枯れた土壌では育ちません。
ツンドラなど、寒い土地で木が生えていないのは、寒く水がなく生物量が少ないからです。豊富な微生物がいて初めて土は豊かになり、作物が育つ「土壌」になるのです。

◇人間はこれまで何千種類、何万種類もの触媒を利用してきた

渡部　つまり硫酸や硝酸も、触媒になるということですね。

中村　それはどちらも「酸」だからです。たとえばレモンの汁も酸です。レモン汁に肉を浸けておくと、柔らかくなりますよね。
あるいは梅干しをアルマイトの弁当箱に入れっぱなしにすると、穴が開いたりする。あれは梅干しが穴を開けたのではなく、酸の作用です。アルマイトは酸化アルミニウムで表面を覆ったものですから、梅干しの酸がアルミニウムと反応して、溶かしてしまったのです。これも酸の触媒作用です。

渡部　食べ物を食べたあと、胃酸で消化しますね。あれも触媒作用ですか？

中村　胃酸は、胃の中の塩酸です。pH値でいえば「pH1」で、かなり強い酸です。胃には、プロトンポンプという働きがあり、体内にある塩、つまりNaClからNa+を取って、H+（水素イオン）に変えられます。このH+とCl−が結合すると、胃の中に塩酸が出るのです。

一方で胃の中には、塩酸を中和する粘膜もあり、胃自身のタンパク質は溶けない。タンパク質は、アミノ酸をつなげて組み上げられたものです。それが胃の中で、再び胃の中に入ってきた、肉などのタンパク質だけ溶かすのです。

タンパク質は、アミノ酸に分解される。そこからさらに腸に移動すると、別の消化酵素、つまり触媒の働きで、脂肪などが分解される。これらの分解物が腸から吸収され、血液に乗って必要なところに運ばれていくのです。

そこでも触媒が待ち構えていて、別の作用を及ぼします。するとまた別の触媒がつくられ、触媒が触媒をつくるといった、連鎖反応が起こる。いわば化学工場で行っていることを、100倍ぐらいの複雑さでやっているのです。

これにより人間は日々の活動を行える。話をしたり動いたりできる。「話す」「動く」といった行為は、こうした工程が全部、統合された結果として起きているのです。

たとえば昼、新幹線で食べたサバ寿司が、今、分解されてブドウ糖になり、脳に運ばれる。脳の中で消化されて「考える」という行為を行う。話すという行動も起こしている。そして二酸化炭素が出てくる。出てきた二酸化炭素は、周囲の木や植物に吸収される。果たして遠くの田んぼまで飛んで行ってまたお米になる。

渡部　裏を返せば、触媒なくして、連鎖は生まれないということですね。物もできないし、変化もしない。ものすごく大事な存在です。

中村　人間も生まれたとき、すでに触媒がインストールされているから生きられる。そして触媒がなければ、有機ＥＬ材料も生まれません。有機ＥＬをつくるには、いままで自然界に存在しなかったものを生み出さなければならない。

いま存在するものを合わせただけではできませんが、第3の成分としてパラジウムを入れることで、化学反応が起こって有機ＥＬの素材となる化合物が生まれた。これが今持っているｉＰｈｏｎｅにもつながっているのです。

渡部　新しい物質や新しい素材は、そうしてつくられてきたのですね。

中村　人間がこれまでつくってきた物質は、３億種類に迫るそうです。それに関わった触媒も、何千種類、何万種類になると思います。有機ＥＬに最適な素材一つとっても、より効率よくつくれて、安価な触媒を探していけばいい。

渡部　その一つが、鉄触媒ということですね。

第5章

鉄触媒で変わる未来

◇アップルが起こすゲームチェンジへの期待

中村　前章で触媒とはどのようなものか、また鉄触媒がなぜ重要なのかについて述べました。ここからは鉄触媒の現状や可能性について、より具体的にご紹介したいと思います。

レアメタルではなく、身近な存在の鉄を触媒として使うのは、環境負荷や毒性が低いことはもちろん、地政学的リスクを減らすうえでも重要だと思っています。

このようなことを考えるきっかけになったのは、２０１０年に尖閣諸島沖で起きた中国漁船衝突事件に端を発するレアアースメタルの輸出制限です。

レアメタルは、触媒だけでなく、掘削機器にも使われます。先端が超硬度なドリルをつくるには、タングステンなどが必要です。これがなければ、地下鉄の穴も掘れません。ハイブリッドカーもそうで、電池やモーターにもレアメタルが使われています。

これらの大半を、日本は中国に依存していました。じつは日本の海底にもたくさんあるのですが、海の底から採掘して精製するとなると、大変コストがかかります。当時、中国で廃水汚染はほとんど問題になりませんでしたから、コスト面で日本は到底適いません。

ところが尖閣諸島沖で、中国の漁船が海上保安庁の船に衝突する事件が起きた。国同士がもめて日本へのレアメタルの輸出に制限をかけたのです。これで日本の化学産業は大騒ぎになりました。

私自身は、それ以前からレアメタルの戦略的価値を認識していました。私は「元素活用戦略」と呼んでいました。それまでレアメタルは化学的性質ばかり着目されていました。それに加え、レアメタルが社会的にどのような意味を持つかについて、俯瞰して戦略的に考える必要が顕在化したのです。

当時の私のボスで、現在は東京大学教授を務めている中村栄一先生が提言し、文科省や通産省で「元素戦略プロジェクト」が立ち上がりました。20年ほど前の話で、当時から私はレアメタルを使わない有機合成触媒の開発などを行っていました。

このような方向性が打ち出されたことで、研究費も付きやすくなり、研究員を何人か集めて研究できる環境が生まれました。ただし民間との共同開発では、「レアメタルを使っても利益が充分あるので、困っていない」と現状維持を望む声も聞かれました。

「これは自分でやるしかない」と会社設立を考えるのですが、私一人ではビジネスとして成立させるのは難しい。そうした中、サムスンディスプレイを退職し、材料開発支援やコンサルタント業務を行うＮＭＲという会社を立ち上げた孫恩喆氏が、鉄触媒に関心を持ってくれた。そこで一緒にＴＳＫを立ち上げることにしたのです。

設立は２０２１年ですが、鉄触媒を使った有機ＥＬ材料の開発は、何年も前から考えていたのです。

渡部　それまではレアメタルのコストがいまより安かったし、手に入れるリスクもさほどではなかった。だから日本のどの会社も、関心を示さなかったということですか。

当初は、薬も有機ＥＬも単価が高かったから、レアメタルが高くても十分ペイした。ところが、どんどんコモディティ化していき、単価が下がっていった、という流れがあるのですね。

中村　流れという話では、最近アメリカのアップルが「１００％リサイクルのアルミで、MacBookをつくる」などと発表していますね。コストでいえば再生アルミより、一度も使われたことのないバージン材を使ったほうが安くつきます。それを環境への配慮から、再生アルミでやるというわけです。再生アルミを使うには、そのための化学技術が必要になります。

さらにアップルが「環境負荷の大きなパラジウムを使った有機ＥＬ化合物は使わない」と言いだせば、いっきにゲームチェンジが起こります。世界中の有機ＥＬの中にある化合物の何種類かは、鉄触媒でつくったものになります。ギャラクシー、オッポなども、鉄触媒でつくった化合物を、有機ＥＬに使うようになるかもしれません。

渡部　現在パラジウム触媒を使った化合物で、一番大きなアプリケーションは有機ＥＬですか？

中村　量と価格、どちらで考えるかで違ってきます。グラム単価なら薬のほうが高いです。

渡部　単価では、薬が一番で、次が有機ＥＬということですね。３番目は何ですか？

中村　農薬です。農薬は、昆虫やカビなどに対する生理活性物質なので、薬とほぼ一緒です。ただし大量に使うので、安くつくる必要があるなど、制約も多い。たぶん単価は、薬の１００分の１以下にする必要があります。その意味では農薬も、鉄触媒のほ

う が向いているのです。
すでにパラジウム触媒で製法がわかっている化合物を、鉄触媒でつくることも考えています。コストを度外視していいなら、鉄触媒のことをわかっている卒業生に再結集してもらい、年収3000万円ぐらいでドンドン研究してもらいたい（笑）。

渡部 それにはまず、TSKが成功することですね（笑）。

◆鉄なら、薬として体内に入れても問題ない

中村 ただ現段階で鉄触媒が最も有望なのは、やはり有機ELだと思います。環境問題や地政学リスクなども含めて、一番いいタイミングです。

次が、薬や食品です。口から摂るもので、許容範囲が最も広い金属が、鉄です。パラジウムやニッケルといったレアメタルになるほど、許容範囲が狭くなります。銅も、体内に入ると毒になるので、やはり狭いです。

これらのレアメタルは製薬の際も、1ppbつまり10億分の1でも入ってはいけない。鉄なら、その1000倍入っても大丈夫です。

渡部　「鉄分を補給しましょう」と言われるぐらいですからね。ただ薬として考えたとき、そもそも体内に入れても大丈夫でしょうか？

中村　第3章で述べたように薬は、対症療法という点では問題ですが、いい薬があることも確かです。アスピリンに、微量の鉄を混ぜた薬も売られてます。武田テバ薬品のタケルダという薬で、血栓を防ぐ薬ですね。

渡部　薬も、初期の頃は必要なものが多かったと思いますが、最近、効果の怪しい薬もありませんか？

中村　私はがんになっても、抗がん剤を飲まないと心に決めています。外科的な処置は、侵襲が少なければいいと思っています。薬については避けたいです。よほど症例が豊富で、副作用なども大丈夫とわかっているものであれば別ですが、少ないのではないでしょうか。

　1万年に近い歴史がある漢方薬はいいと思います。しかもピンポイントに効くのではなく、体全体をよくするという発想でつくられています。逆に最近の西洋医学の薬は、ピンポイントで効かせるコンセプトのものが多い。先ほど体内でさまざまな触媒が機能していると述べましたが、この働きの一部を止めてしまうのです。

たとえば気分が落ち込んでいる人に、脳で起きている触媒作用を止める薬を飲ませる。それで理論上は気分が落ち込まなくなります。ただし効かない場合もある。そのときは別の触媒の働きを止める薬を飲ませる。そうやって薬の種類を増やしていくので、心療内科などに通われている患者さんは、5、6種類もの薬を飲んでいることが多いのです。

製薬会社の人から聞くと、原因がわかりやすい病気に対する薬の開発はすでに終わっていて、あとは心身症などの薬で、とくに難しいのが向精神薬などが残されているのです。

新薬もいくつか出ていますが、臨床現場ではいま一つ効果が薄く、結局、数種類を混ぜて飲ませたりしている。一種類飲ませて効いたかどうかわからないときは、「じゃあ、これも試してみよう」と増やしていくことが多いのです。

渡部　なるほど。先ほど体内で触媒がさまざまな働きをしていると聞きましたが、薬はそれを止めてしまう危険があるのですね。

◇製薬会社が鉄触媒に関心を持ちだしている

渡部　話は変わりますが、中村先生以外の「レアメタルを使わず、鉄触媒でやろう」とする動きについても教えてください。

中村　鉄触媒には無限の可能性があるので、われわれとは別角度から開発している人たちも多々います。

　最近、講演会で聞いたのが、住友ファーマの取り組みです。大日本製薬と住友製薬が合併してできた大日本住友製薬が前身で、２０２２年に現在の社名になりました。住友ファーマは、フロー合成の研究を進めていて、このとき鉄触媒を使っているという話でした。

　化学の世界では、「フロー合成」もキーワードの一つになっています。ある物質と物質を混ぜるとき、ふつうはフラスコの中で反応させます。その後、蒸留して取り出したり、結晶化したものを濾過して取り出したりしますが、これをフラスコの中でなく、チューブの中で連続的に行うという合成技術です。

Aのチューブから物質Aを流し、Bのチューブから物質Bを流し、両者が混ざるところに触媒を入れて反応させ、物質Cをつくるといったものです。最近産業的に大きな注目を集めています。

渡部 それは原料を鉄触媒に通すだけですか？

中村 具体的にはわかりません。それはわれわれがやっている鉄触媒技術の詳細が、他の人にはわからないのと同じです。

とはいえ製薬会社が、鉄触媒に関心を持ちだしていることは確かです。もう十年以上も前になりますが、小野薬品工業と共同開発をしたことがあります。大学の研究室では何十グラム程度しか合成できなかったのですが、何百キロも合成できることが明らかになりました。ただ最後の臨床試験の段階でドロップアウトになり、製品化には至りませんでした。喘息の薬でしたが、もし発売されていたら「鉄触媒でつくる薬」とアピールできたので残念です。

渡部 なぜドロップアウトしたのですか？

中村 新薬が承認されるには、先行薬と比べて統計的な有意差が必要です。何％の閾値で有意差がない限り、認められない。かなり博打的なところがあり、そこまで行くのに

１００億円とか２００億円かかりますが、その中で発売できるのは１割以下でしょう。

実際、大学院を卒業した人間が製薬会社に入ったとして、在職中に新薬を生み出せるのは、１００人に１人ぐらいではないでしょうか。

渡部　それぐらい難しいのですね。

中村　「創薬はやりがいがあるけれどつらい」「つらいけれど、好きでやっているから」といった話にもなります。だから製薬会社で新薬開発に携わっている人の中には、転職するかたも出てきます。自分の研究の目標が何か悩んでしまう。一方で薬が承認されたあと、その薬をいかに安く、安定的に大量供給するかを研究する部門もあります。こういった研究に携わっている方々は楽しく研究してる方が多い印象があります。私見ではありますが。

◇研究で重要な勘所とイメージ力

渡部　中村先生は、大学で30年余り研究を続ける中で、鉄触媒を見つけたわけですね。こ

れは民間企業がお金をかけて研究すれば、かなり短期間できるものですか。それとも
やはり、時間はかからざるを得ないものですか？

中村 大事なのは積み上げです。知識やものの考え方は、いくらお金があっても身につくものではありません。たとえば神道や仏教の知識がなければ、いくらハリウッドでも、日本古来の伝統を表現した映画作品はつくれないでしょう。

渡部 経験値が大事。

中村 そして、理解です。分子の世界がどうなっているかを、どう理解したかですね。

渡部 それは分子の世界は、中村先生が世界で一番理解しているということですか？

中村 限定的ではありますが、ある種の反応系では、そうかもしれません。そうでなければ鉄触媒をビジネスにする人は、どんどん出てくるはずです。

渡部 つまり、いまから他社や他の研究者が追いかけても、追いつかない。お金をかければできるというものでもないということですね。

中村 私は学生に「とりあえず物質同士を混ぜて何が起きたかを見て、それを自分なりの理解に至るまで徹底的に繰り返せ」と言っています。それしかないと。

渡部 ひたすら混ぜればいいのですか？

中村　そうです。混ぜ方は無限にありますから。とはいえ、宝くじをたくさん買えば当たるわけではないように、自分なりの予見は必要です。

渡部　混ぜ方は、「温度を変える」「量を変える」「時間を変える」「電流を流してみる」など、全部で何種類ありますか？

中村　一つの反応で、温度や溶媒等々、数～数十種類の反応パラメータがあります。ただし「温度を変える」といっても、マイナス78度から300度ぐらいまで範囲があります。あるいは原料を溶媒（溶剤）に溶かすにしても、よく使われる溶媒でも、20種類ぐらいある。溶媒を使わずに機械的に混ぜ合わせるという方法もある。気圧も、減圧にするか加圧にするかで、反応温度も変わるし平衡も偏る。しかも入れる順番を変えると、プロダクト自体すら変わることもある。

それら全部を試そうとすると、とんでもないことになります。そこで、「こういう条件で混ぜれば、こういう反応が起こる」「これで混ぜても絶対にできない」といったイメージを持つことが大切です。

これは不世出の有機合成化学者、向山光昭氏（東京大学・東京工業大学・東京理科大学名誉教授、故人）が、ずっと言っていたことでもあるそうです。私はあとから聞きましたが、私はまさに同じ考え方だったと思いました。

渡部　このとき既存の知識の延長線上のイメージだと、既存のものにしかならない。だから、まったくあり得ないと思う発想で、イメージすることも大事ですよね。

中村　そう。「もしかしたら、こういうことが起こるかもしれない」と。「UFOもあるかもしれない、あってもよい、あったら楽しい」と同じです（笑）。

渡部　既存の理屈だけで考えていたら、新しいものが生まれない。

中村　ビッグデータと一緒です。いままでに起こった反応は、すでに山ほどデータ化されています。「これとこれを混ぜるとこうなる」と。だけど本当にそれだけか。混ぜる順番を変えたら、変わるのではないかとチャレンジする。それによって実際、変わることもあるのです。

たとえば本来なら取れるはずのものが、取れなかった。その理由を考えると、順番を逆にして混ぜていた。なぜ逆だとダメかを考える。そこから自分の中で理解が深まっていくことになります。

教科書には「この分子とこの分子を混ぜると、こういう反応が起きます」といったことが、化学反応式として説明されれています。これを学部の大学生は一生懸命覚えますが、順番を変えるとどうなるか、反応パラメータを変えるとどうなるかは書かれていないし、誰も知らない。大学院に入り研究室で合成系の研究を始めると、今度はそれを自分で試して新しいデータを積み上げていくのです。

◇ダイセルとの共同事業「バイオマスバリューチェーン構想」

渡部　このようにチャレンジングな研究に取り組んでいるにもかかわらず、世界の大学ランキングなどを見ると、日本の大学は順番が低いですよね。でも欧米はアピール力がすごいだけで、本質的には日本のほうがすごいのではないかと思ったりもします。実際はどうでしょう？

中村　すごさの「質」が異なっている気がします。次元を超えて新しいものをつくり、世の中を良くしようとする点では、日本人のほうが優れていると思うことがあります。たとえば世界最大のパルプメーカーの新規事業開発部門の人と話したとき、彼からは新しいビジネスをつくりたいという強い意欲を感じる一方で、新しいマテリアルをつくろうという考えは感じ取れませんでした。

彼は、ＭＩＴ（マサチューセッチ工科大学）でＭＢＡ（経営学修士）を取得、いろいろな大企業で新開発や投資などに携わってきた人です。また、彼のビジョンは「化学メーカーに安定的に木材を供給できるのは、徹底的に管理された広大な自社林を持っているわれわれしかいない。だから一緒に組んでビジネスを成功させよう」ということでした。そこには、ブラジルの原生林やそこに暮らす人々の生活環境も理解しつつ、いかに産業とつなげて、世の中をよくしていくかという発想はありませんでした。

一方、日本人には生態系と鉄が、触媒という現象を通じて全部がつながっていくといった感覚が下地としてあった。それによって社会に貢献していく意識もあった。だからこそ、6章でお話しする「森林化学産業」という価値観も広がっていくのです。

渡部　触媒の発想自体が「いろいろなものをつないで、新しいものをつくりだす。そして社会に貢献する」ということなのですね。

中村　変化を促進するのが、触媒ですから。もちろん、全部がうまくいくわけではありません。実験もそうです。全部の実験が、うまくいったら大変です。「うまくいく」と思ってそうならないことが、9割9分。でも、その理由を考えることから学ぶものは、うまくいった1％のときより多いのですよ。

渡部　私も自分の書いた本が触媒になり、読者の意識や行動が変化する。それで、その人が幸せになったり、社会がよくなればいいという気持ちはありますね。

中村　働きかけをしないと、何も変わりません。じつは私は最近、積極的にいろんな人に直接お会いしてスライドを見せ、「こんなことをしたいんです」と訴えています。第6章でお話しするダイセル「バイオマスバリューチェーン構想」も、われわれが働きかけたことで始まったものと認識しています。

バイオマスバリューチェーン構想は、木材を化学合成で液化させて石油などの代替にすることで、森林保全と経済活動を同時に進めていくというものです。このような発想はこれまでなく、「紙パルプ企業の仕事は、これ」「石油化学企業の仕事は、これ」とお互いの役割が限定されてきました。でも実際には、物質もエネルギーも、そして山も川もわれわれの生活も全部つながっています。

ダイセルの小河義美社長は、ダイセル初の理系社長です。執行役員時代から、土地本来の自然な森を再生する「ダイセルいのちの森づくり」事業に関わり、工場周辺の森の手入れや植林活動を行っていました。そうしたこともあり、「生態系がよくなり、日本がよくなる取り組みです」というわれわれのプレゼンが響いたのだと思います。

渡部　そういう経緯があったのですね。

中村　もともとダイセル自身、森林保全に積極的で、金沢大学と一緒に植物の主成分セルロースを石油系樹脂に代わる化学資源として有効活用する研究を行っていました。一方で私はダイセルの研究員の方と、有機合成分野で何十年来の個人的なつきあいがあり、それが現在の共同事業へとつながったのです。

◇不要な樹皮を鉄触媒で腐植酸に変化させる

中村　一方でわれわれは、京都府山城地域の製材所とも組んでいます。製材所では丸太を樹皮を剝いた状態で販売します。製材所に樹皮をガラガラと剝く装置があって、どんどん剝いて裸にしていくのです。その後、規格に合ったサイズにスライスする機械に通し、それを乾燥機に入れて乾燥させて材木として売るのです。

一方、剝いた樹皮は産業廃棄物ということで、業者にお金を払って引き取ってもらっています。これを活用する試みで、樹皮に鉄触媒と酸化剤を混ぜて攪拌すると、液体が取れる。この液体を中和などして畑に撒くと、野菜が大きく育つのです。

渡部　樹皮を肥料にするのですね。

中村　植物への働きかけ方が違うので、最近は「バイオスティミュラント」と呼ばれているものの一つと考えています。肥料が植物に必要な栄養分が入っているのに対し、バイオスティミュラントは植物の成長を助ける化合物が入っています。化合物の作用で植物のストレスを軽減し、栄養分の取り込みを助けるのです。このバイオスティミュラントも、いろいろな企業が取り組み始めていて、これから熱い分野です。

木から落ちた葉っぱや倒れた木などはやがて腐り、長い歳月の中で腐植物質に変わります。何億年もかけると石炭のようになりますが、その前段階である腐植物質は、他の植物が栄養分、とくに鉄分などを取り込むのに役立つことがわかってきたのです。

また腐植物質のうち、アルカリや水に溶けるものを腐植酸といいます。石炭を水の中で砕くことでも、腐植酸が取れます。

渡部　石炭は、もともと植物ですから。

中村　ただ地面から石炭を掘り返すのは大変なので、無駄になっている樹皮やいま生えている植物を触媒の力で短時間で腐植酸にしようと考えたのです。すでに述べたように、物事の変化を促すのが触媒です。樹皮を化学変化させて、できた腐植酸を山に戻せば、山の木が青々としてくるし、畑にまけば農作物も育ちやすくなる。そんなアイデアを、製材所の人たちと共有しています。

渡部 そうなると、化学肥料は要らなくなりますね。

中村 肥料を取り込む力をも助けるので、化学肥料もある程度は必要です。ただ使う量が減って効率が上がります。

また腐植酸を使うと病気にもなりにくいので、農薬が要らなくなります。害虫に葉っぱを食われても、植物自体が元気なら、病気になったり枯れたりしません。それこそがあるべき農業ではないか、化学的なアプローチで、農業にも貢献できないかと考えています。

「全部がつながっている」と考えるのが、日本の化学のあるべき姿だと私は思っています。自分のエゴで都合よく切り分けて考えるのではなく、すべてのものをみんなでシェアしあうエコ。そのように考えることができれば、消費行動や生活様式も変わるのではないでしょうか。まさに渡部さんが塾長をしている経済塾と同じ、〝複眼〟です（笑）。それを物質側から攻めていく。

渡部　私は金融側から攻めている、というわけですな。

◇がん治療に鉄触媒を役立てる

中村　ダイセルとの共同研究、ＴＳＫでの研究とビジネスに加えてもう一つ、われわれは大陽日酸という安定同位体を供給する会社とも、以前から共同研究をしています。大陽日酸は日本で初めて、重水素のリサイクル装置を開発した会社です。そもそも重水素濃縮は、核兵器のもとになるので、戦後の日本では製造が禁じられています。それを大陽日酸は、使用済みの重水を再濃縮することで、自社でつくれるようにしたのです。

　ふつうの有機物は、炭素と水素から成っています。この水素を重水素に変えた化合物をつくると、安定性が増します。薬なら長期的に効果が続いたり、有機ＥＬなら素子寿命が長くなったりすることから注目を集めています。

渡部　重水素は、核融合にも使うのですか？

中村　三重水素と反応させると核融合です。重水素単独では放射能も含まず、蒸留するだけで取り出せます。大陽日酸は石油の蒸留塔とは違う蒸留塔を持っていて、ものすごい技術を使って水を同位体に分けるのです。その結果、同じ酸素でも、重さが16のものや、18のものに分かれる。一方で水素は、HとD（重水素）に分かれる。もとの水はタダみたいなものですが、分けると非常に高い価値が出るのです。

世界の同位体を供給する会社の中でも、何本かの指に入る大陽日酸だからできるのです。このような濃縮拠点が日本国内にできたのは、すごいことです。

渡部　福島第一原発の処理水で話題になったトリチウムは、重水素ではないのですか？

中村　トリチウムは三重水素です。

渡部　三重水素は使い道がないですか？

中村　先に述べた核融合が考えられます。しかしながら濃縮が大変なのです。

渡部　触媒で何とかできませんか？

中村　物理的にやるしかありません。原子を濃縮する触媒ができたらすごい話で、ノーベル賞を100個ぐらい獲れます（笑）。これは118種類ある原子を好きに入れ替えるという話でもあり、まさに物理の根源の話です。

もっとも、核反応はとても身近な存在になっています。がんの有無や広がりを調べるＰＥＴ（Positron Emission Tomography）検査がありますね。検査に使うＰＥＴ診断薬は、置いておくと勝手に核反応を起こします。これは物質が壊れる（分子の形が変わる）のではなく、中にある質量数11の炭素（普通の炭素は質量数12）がホウ素という元素に変わります。

このような核反応では、陽電子（Positron）が発生します。それが周りにあるふつうの電子とぶつかり対消滅し、ちょうど１８０度反対方向に飛ぶ２つの放射線になります。ＰＥＴ診断薬は、がん細胞に集まりやすい性質をもつ分子構造です。そこで検出器を使って放射線の発生位置を固定し、どこにがん細胞があるかを調べるのがＰＥＴ検査です。

ここで使うサイクロトロンという装置は、加速した電子や陽子を当てて、元素を変えてしまうことができます。このように合成した放射性元素を組み込んだ診断薬をオンサイトでつくることで、高い治療効果へつながることが期待できます。

このようなＰＥＴ診断薬の合成にも鉄触媒を使えないかと考えています。いろんな化合物の合成に応用できるのが、鉄触媒なのです。

第6章

森を回復させ、新たなビジネスを生みだす「森林化学産業」とは

◇化学の力で自然の循環を取り戻す

中村　前章で京都府の山城地域にある製材所と組んで、製材で不要になった樹皮を化学変化させて腐植酸にする試みの話をしました。これは森林にある木などの資源を化学の力でより有用なものに変化させ、産業として成り立たせる構想の一環でもあります。
　これは森林で新たな化学産業を創出することでもあり、私はこれを「森林化学産業」と呼んでいます。本章では、この森林化学産業について議論していきたいと思います。

渡部　森林というと、これまで環境保護の立場から語られることが多かった。それをビジネスとしても成り立つようにするということですね。森から新しいビジネスの種が生まれるということですか？

中村　この60～70年、世界の物質供給や化学産業のコアになっていたのは、石油化学産業です。しかし、石油の枯渇問題や資源の一極化などにより、石油化学産業に頼っていられない時代になっています。そうした中、日本国内に豊富に存在する物質やエネルギーの資源の一つとして、森林と向き合っていこうと考えているのです。

従来、森の木は木材以外の使い道はほとんどありませんでした。これは木を木のままの状態で使うということです。それだけでなく、溶かしてプラスチックの原料にしたり、エネルギーの原料にするのです。そしてこれは、生態系と自然をつなぐ取り組みでもあります。

渡部　生態系と自然をつなぐとは、具体的にどのようなものですか？

中村　基本的に生態系は、放っておいてもつながっています。山に生えている木は、二酸化炭素を吸収して育ち、成長した葉っぱは秋になると落ちる。一方で木に生った実を食べる動物もいて、動物は死ねば土に還る。そうした土から木は養分を得て、また成長する。そんなサイクルを繰り返しています。

そして木や動物の生命活動に伴い生じる物質は、川や地下水を通じて海や沼、田んぼなど、いろいろなところへ流れていく。そこでまたいろいろな命が育まれ、死ぬと誰かの栄養になる。このように生態系は、ぐるぐる回りながらつながっています。

人間が理解しなくても、自然は勝手に循環していますが、一方で人間は生態系を断ち切ることもしています。たとえば山を乱開発して、森をなくしてしまう。すると生態系は、つながらなくなります。何がつながらないかというと、泥や水といった物質の移動が途絶えてしまうのです。その結果、命に必要な物質が足らなくなる。

そこで化学の出番となります。化学とは、どういう分子がどういう物質をつくり、どのように変化していくかを調べる学問です。調べて理解したら、それを応用していく。たとえば森から里へ、あるいは里から海へ、どのような元素が流れていくかを理解する。そのうえで、よりよいチューニングを行っていくのです。

渡部　化学には、そんなポテンシャルがあるのですね。

中村　ただし人間は欲深くて、できるだけ楽をして効率的に儲けたい。そう考えると山を手入れして木を育てるより、安くてエネルギー密度の高い石油を海外からタンカーで運び、それを蒸留して使ったほうがいいとなる。結果として、誰も山に手を入れなくなり、山が荒れてしまったのです。

本来放っておけば放っておいたなりに、自然はつながっていきます。ところが一時期、「山の木をもっと活用しよう」と、人間の欲が爆発した。１９５０年から60年ぐらいのことで、それまで生えていた広葉樹を伐採して、杉やヒノキをどんどん植えていった。

渡部　戦後復興の一環ですね。空襲で焼け野原になってしまったところに家を建てようとすると木材が必要になりますからね。

中村　日本の国土の7割は森林といわれます。7割のうちの4割、つまり半分近くが人工林です。杉やヒノキは材木として使う分には、まっすぐで柱にもなりやすいから便利なのです。

ただし実が生らないし、葉っぱもあまり落ちない。それにより何が起こるかというと、そこで森の中で生活できる生物・いのちが減ってしまうのです。日もあたらず土壌の調子が悪くなり、新しい木が生えてこない。そのため雨が降ると土砂が流出して、山肌が弱ってくる。それが地滑りなど、災害の増加にもつながっていく。負のスパイラルです。

つまり全部はつながっていて、いま災害が増えているのも、もとはそこにあります。そこで化学の力を使い、木を活用した化学産業を興す。一つの産業として活性化すれば、みんなで山を手入れもするようになります。そうすれば山は生き返り、そこから川の養分も増え、付近の土壌もよくなっていく。連鎖的によくなるための起点を化学でつくりだすという発想です。

◆化学なくして農業なし

渡部　この構想が斬新だと思うのは、自然の循環を元素レベルで考えるところです。豊富な栄養分を含んだ水が、川や地下水として海に流れ込み、それがプランクトンや海藻の栄養に、それを餌として食べる魚や貝が増えて、豊かな海になるといった話は昔からよく聞きます。それをもっと突き詰めて考えると、元素レベルの話になる。

最初に元素があり、それがこう移動するから、このような現象が起こる。そこまで考えるということですね。

中村　元素から考える発想は、農業では以前からあります。植物が成長するには、肥料として窒素とリンとカリ（カリウム）が必要です。このうち窒素は、空気中に山ほどありますが、安定すぎて生えなかった。これを化学によって取り出せるようにしたのが、ハーバー・ボッシュ法と呼ばれる手法です。

1900年初めにドイツの化学者、フリッツ・ハーバーとカール・ボッシュが開発したもので、激しい高温・高圧のもと鉄系触媒によって水素（H_2）と窒素（N_2）を化学反応させると、アンモニア（NH_3）に変わるのです。

そしてアンモニアに変わると、肥料にしやすくなる。ちなみにアンモニアを大量につくれると、高校で習う白金触媒を用いたオストワルド法を用いて火薬の原料、硝酸の大量生産も可能になります。これがドイツが第一次世界大戦を始められた要因でもあります。

それまで窒素を手に入れるには、硝石を山から掘りだすしかありませんでした。ただし硝石は一部の国に局在していて、そうした国はアルゼンチンをはじめ、どこも植民地になっていました。ドイツは植民地がないため、手に入れることができなかった。そこでドイツは空気から窒素を取り出し活用する方法を生みだしたのです。

日本でも明治時代から、ハーバー・ボッシュ法を採り入れました。昭和肥料（レゾナック／旧昭和電工の前身）などがハーバー・ボッシュ法で空気中の窒素を固定し、アンモニアをつくっていた。この化学技術がなければ日本の人口は４０００〜５０００万人から、６０００万、８０００万、１億と増えることはできませんでした。

渡部　化学肥料を使用することで作物がたくさん採れ、農業の生産性が大きく向上したのですね。

中村　化学肥料だけでなく、化学農薬もかなり使われました。害虫駆除とか、雑草が生えなくなるとか。そうしたものも含めて農業生産性が高まるのですが、近年それに対する疑問も生じだしています。

すでにインドでは、化学合成した農薬や肥料を使わないという動きが出ています。日本はそのあたりの意識が極めて低く、アメリカでも使わなくなった除草剤を、かなり使っています。

いろいろな兼ね合いがあり、すぐに全廃は無理なのでしょう。とはいえ徐々になくなることは間違いありません。データを蓄積するなどして、適切な場所で使える分だけ使うといったことを決めていく必要があります。

渡部　窒素由来の化学肥料は使わないほうがいいということですか。化学会社も自己規制する方向にありますか？

中村　肥料に関してそういう規制は少ないです。一方、防虫剤や除草剤、防カビ剤のような毒性の高いものは、少しずつ減らす方向にあります。最近、ネオニコチノイドという殺虫剤が話題になりました。もともと哺乳類や動物にはほとんど影響がないという話でしたが、農業での害虫駆除以外にも昆虫類に影響を与えることから、小魚などの小動物の餌がなくなるなど生態系に連鎖的な影響があることがわかってきた。
EUでは２０２０年から使用を禁じましたが、日本はこれからです。農薬会社としては、「急に言われても困る」といったところでしょう。そこが化学の怖いところで、便利に使っていたものが、「いやじつは……」ということがあるのです。

◇里山につくる「さとやま化楽工房」

中村　だから、できるだけ環境にも生態系にも負荷がかからない化学産業を築くのが、われわれの目指す森林化学産業です。山の木を木材だけでなく、プラスチックの原料や燃料の原料にする。ひいては食べられるもの（栄養）にも変換する。
以前はこれを「森林化学コンビナート」と名づけてましたが、「コンビナート」という言葉に反発が強く、いまは「さとやま化楽工房」と言っています。

渡部　「化学」ではなく、「楽」という字を使うのですね。

中村　化学は文字通り、変化を学ぶ＝研究する学問です。これを変化を楽しむ「化楽」にして、小学校の時間割に「音楽」の時間の次に「化楽」の時間、というのが私の妄想です。

渡部　一方、「コンビナート」は巨大な石油化学のイメージが強いですからね。環境破壊や乱開発を想起させます。

中村　実際、これまで日本は大開発を進めてきました。その結果、生態系が乱れだした。大規模ではないという意味で、「工房」ぐらいがいいと思います。昔の炭焼き小屋のようなイメージです。これを一つの山に何カ所かつくるのです。

炭焼き小屋は、山の中に一カ所だけあるのではなく、分散型です。切った木を近くで焼いて炭にするのです。炭にすれば軽くなるので、運ぶのも楽です。やがて炭に適した木がなくなれば、別の場所に移り、そこに新しい炭焼き小屋を建てる。そうして20年ほどして戻ってくると、前の場所にまた木が生えているといった具合です。

渡部　そのようなサイクルで炭焼きを行っていたのですね。生活の知恵ですね。

中村　山の木を使い尽くさないように、手入れしながら炭をつくっていた。同じことを化学産業でやる。実現には技術の進歩や法改正、地域住民の理解も必要ですが、少しずつ調整しながら進めたいと思っています。里山とは、人が住んでいる「里」と「山奥」の境目に在ります。そこに化学産業の工房をつくるのです。

渡部　山の奥深くではなく、人が住む地域の少し先といった感じですね。

中村　まずは人の住む近くに実験施設をつくる予定です。いずれスケールが大きくなってきたら、奥山の手前ぐらいに移動しようと思っています。

渡部　いまの林業の拠点となっているような場所ですか？

中村　そうです。じつは現在でも日本の里山には、化学工場がたくさん存在しているのです。設備投資が数千万円から数億円ぐらいの、ちょっとした化学工場です。山中にあるケースも多く、たいてい川のほとりにあります。

渡部　川から水を取ったり、排水を流したりするのですね。あ、排水は廃棄業者さんですね。

中村　幹線道路に通じていて、人があまり住まない場所に多いです。そうしたところに、さとやま化楽工房もつくろうと思っています。

また山奥に行くと、今度はバイオマス発電所がたくさんあります。木をはじめ生物資源を燃料にするバイオマス発電は、固定価格買取制度（ＦＩＴ）が打ち切られれば採算が合わなくなります。その後の使い道として、ここも有力だと思います。

ここで、たとえば木から取れるセルロースを原料に、プラスチックをつくる。セルロースを原料にブドウ糖（グルコース）を、エタノールを、そして化学製品をつくる。フランチャイズのような形で、あちこちに工房をつくり、できた化成品を化学会社に買い取ってもらう。そんなビジネスモデルはどうでしょう？　塾長のご指導頂きたく（笑）。

◇海のいのちがなくなっている

渡部　具体的に何をつくるかはこれからで、第一の目的は、壊れた生態系を化学産業が回復させるということですね。

中村　そうです。いま日本には、１億人以上の人間が住んでいます。人間も自然の一部ですから、いまの状況に合う形で、森と人、どちらにも最適化するあり方を探す。森を手入れしながら、新しい産業を育てていければいいと思います。

渡部　それが石油化学会社に代わる、新しい化学会社ですね。

中村　エネルギーの原料としてはなかなか石油に適いませんが、マテリアルの原料としてなら、十分勝ち目があると思っています。しかもマテリアルには、安全保障的な意味もあります。輸入品で成り立っている化学産業は、輸入が止まれば終わりです。売上高の大きい産業の多くは、原材料を輸入に頼っています。そうした産業がいっきにダメになるわけで、これを避けるためにも「森林化学産業」は重要だと思っています。

また林業というと、収益性がなく、後継ぎもいないので破綻したビジネスというイメージがありますが、こうした状況も少しずつ変わってきています。物事は何でもV字に振動するもので、落ちればいずれ上がる。

実際、森や林業を何とかしようと活動する人が、どんどん増えています。顕在化していないだけで、そうした流れが、われわれのやっていることと、つながっていけばいいと思っています。

とくに人工林は、人が手入れしないと、どんどん朽ちていきます。柿や栗、どんぐりなど、動物にとって食べるものが成らないから、樹皮を食べてしまい、それが木を腐らせたりもするのです。また飢えた熊や猪が民家のほうに降りてきて、害獣被害が起きたりもする。どんどん問題が積み重なっていくのです。

渡部　人工林だから、問題が起こるということですか。

中村　杉やヒノキは、実が生らないから。そうした森は栄養を川や海に流し込む力も弱くなります。たとえば汽水域は川と海がつながっているので、本来アサリやカキなど貝類が育ちやすいのに、いまは育ちにくくなっています。貝類が減ると、今度は小魚が集まってこなくなり、小魚を求めて大きな魚も集まってこない。

これは元素レベルでも、栄養になる元素の連鎖が止まることでもあります。そのようなところはもう、命のない場所です。ＨＮＬＣ海域と呼ばれ、海の７、８割がそうした海域になっています。

渡部 海は栄養に溢れていると思っていましたが、違うのですね。

中村 不思議なことにＨＮＬＣ海域には、植物の生育に必用とされる窒素、リン、カリ（カリウム）がたくさんあるのです。だからＨＮはハイ・ニュートリエントで「高栄養」、ＬＣはロー・クロロフィルで「植物プランクトンが少ない」の意味です。

植物プランクトンがいなければ、それを食べる動物プランクトン、そして稚魚などが集まってこない。結局、植物プランクトンがいるところにしか、生き物は存在しないのです。その植物プランクトンがいない原因が、鉄分不足にあると看破したのがアメリカの科学者、ジョン・マーティンです。

１９８０年代後半に鉄を海に撒いたら、植物プランクトンが増えたということを確認しています。彼は若くして亡くなりますが、生前、「私に何トンかの鉄を海に撒かせてくれたら、二酸化炭素の濃度をガッツリ下げてみせる」と言ったそうです。聞いた話ではありますが。

地上の植物は、鉄分が存在する環境で葉緑素をつくり光合成を行い、空気中の二酸化炭素を自分の体の一部にして増えていきます。そして動物に食べられ、その動物を養うという命の連鎖があります。同じことが海の中でも起きているのです。

川から流れ込んだ栄養と鉄分が植物プランクトンを育て、動物プランクトンや稚魚を養い、最終的にすべての魚介類を養っている。こうした環境を取り戻すため、森林に化学産業を創出するのです。

◇人間が変われば、化学も変わる

中村　いまの林業が儲からない理由の一つに、歩留りの悪さがあります。木材として使う場合、樹皮や切り落とした枝などは使えないので、ざっくりと立木から丸太の歩留りを7割、丸太から製材品への歩留りを6割とすると、立木のうち使えるのは4割程度です。これらも全部使えるようになれば、無駄がなく、経済的に成り立つはずです。たとえば木を成分分離して得られる化合物には、セルロース、ヘミセルロース、リグニンなどがあります。セルロースやヘミセルロースは糖類ですから、分子レベルではデンプン、つまりご飯と同じです。

つながり方が違うだけなので、一度分解してグルコース、つまりブドウ糖にすると栄養源になります。非常事態が起きて穀物が足りなくなっても、木を溶かしてグルコースにすれば、それなりの栄養になるわけです。

またグルコースは発酵させるとエタノールになるので、前にも述べたようにエチレン経由で植物由来の航空燃料、サフにも変化します。これも里山でつくる。里山と空港は離れていると思われがちですが、たとえば能登半島には、のと里山空港がありま す。名前のとおり近くに山があり、この山でつくってもいい。同じような空港はたくさんあるので、日本中の地方空港の周りにつくることもできます。「さとやまサフ」好いじゃないですか。

渡部　成田空港も「サステナブルNRT2050」構想を打ち出していますね。2050年度に向けて、持続可能性のある空港を目指すと。

中村　さとやま化楽工房を成田空港に提案したいですね。

これからの化学産業が目指すことの一つに、「自然との調和」があります。いまの化学産業は海辺にコンビナートがあり、そこに海外から石油という資源を輸入する。日本の国土で生み出される炭素資源から隔絶しています。

渡部　コンビナートや工場という効率優先・大量生産を第一義とする存在は、自然環境に調和しません。いまどき排水で公害が生じることはないにしても、「化学で自然を生かす」という発想を持っている人はいないでしょう。こうした発想を転換するということですね。

中村　同時に、「化学」や「化学工場」という言葉に対する悪いイメージも払拭する。実際、人間は化学を使って大規模開発で自然を壊してきた側面があります。今度は人間が化学を使って、自然をよくしていく。そのために大事なのが、まさに発想転換です。

化学の世界では、「グリーンケミストリー（環境に優しい化学）」という言葉があります。「できるだけ環境に負荷をかけない」が、ここ数十年のキーワードでした。でも本当のグリーンケミストリーとは、「自然をよくする」ためにを考えることなのです。

「負荷をかけないので認めてください」ではなく、「環境をよくするために、どんどんやります」と。

渡部 化学には、それだけのポテンシャルがあるということですね。

中村 大事なのは人間が変わることで、人間が変われば化学の使い方も変わるのです。森林化学産業も、森林をよくする化学産業です。従来の石油化学産業の考え方とは一線を画しています。

渡部 そこをアピールすることは重要ですね。

中村 じつは考え方が一番変わっていないのが、化学者です。学会でこのような話をしても、ほとんど相手にされませんでした。ただし若い学生や研究者の方々には染み込みやすい話で、徐々に変わってくる手応えを感じています。

先日も中国の重慶大学から来た30人ぐらいの学生にこうした話をすると、「化学によって、自分たちは世界をよくできるんだ」と化学の可能性を理解してくれました。常識で頭が凝り固まっている人たちは難しいですが、柔軟な若い人たちには、すっと入る。そのためにも、どんどん実践していくことは大事だと思っています。

◇ 里山は人と自然のインターフェイス

中村　このとき重要になるキーワードも「里山」です。たとえば作家のC・W・ニコルさんが長野県の黒姫高原につくった「アファンの森」は、人間のための森ではなく、森のための森です。人間と自然を切り離す、ある意味、すごく人工的な森です。

本当の自然は、もっと人間と融和して混ざっています。そのあたり西洋と日本の違いがあり、日本人はもっと混ざっていて、万物同胞という考えに近いと思います。

渡部　「里山」自体が、そういう発想ということですね。

中村　人間が住む場所と、山との間にある。いわばインターフェイス（界面）です。インターフェイスという場・空間が重要で、たとえば油と水は混ざりません。油は油だけだと均一で、水も水だけだと均一です。これらを混ぜると分かれて、界面が生まれる。両方あって初めて、界面が生まれます。

人間だけで住んでいたら、人間のことしか考えません。人間が住んでいない場所では、人間のことは考えない。接することで、界面が生まれる。それが里山です。その意味で、多用な価値観や考えが生まれる場所でもあります。実際は全部つながっているけれど、都会の人はそれを忘れている。私も生まれてこの方50年経つまで忘れてました。

私の考えが変わったきっかけの一つに、『うみやまあひだ～伊勢神宮の森から響くメッセージ～』というドキュメンタリー映画があります。２０１５年にマドリード国際映画祭・外国語ドキュメンタリー部門最優秀作品賞などを受賞した作品で、感銘を受けた私は映画に登場する牡蠣漁師でエッセイストの畠山重篤さんや、京都大学名誉教授の田中克先生に会いにも行きました。

田中先生は「森里海連環学」を提唱した方で、まさに森と海、人の住んでいる里山がつながっていることを研究し、これらを結び直す活動を実践されています。ここに「化学」を加えたものが、森林化学産業でもあります。

渡部　海と山と里山とのつながりに「化学」を加える切り口が新しいです。

中村　それぐらい化学はマイナーなのです。学問としての化学は知られていても、化学産業とは何かを知っている人は、まずいません。化学産業がどのように成り立っていて、それがどのように森や国土とつながるかも考えない。化学者も考えない。だからこそインターフェイスが必要なのです。

渡部　いつ頃から里山や森林に関心を持つようになったのですか？

中村　化学者はみな心の根っこに夢を持っています。化学の研究を通じて、新しい反応や触媒、新しい物質をつくりだし、よい社会やよい世界をつくりたいというものです。ところが研究を進めるうちに、予算の獲得やいい地位に就きたいとか、論文で賞を獲りたいなどと、そんなことばかり考えるようになります。私も以前は、そのような価値観で生きていました。

私が教授になったのは、38歳でした。「教授になったら上がり、もう研究はしなくてよい」などと言われる方もいらっしゃいました。本来は教授になってからこそ、新しい何かをしなければならない。

そこで考えたことが化学資源の革新です。どこにでもある鉄を触媒にして資源を変えること。もう一つが、石油化学ではない炭素資源を使うことでした。森林化学産業のアイディアが浮かんだのが着任した宇治キャンパスの近く、天ヶ瀬ダムを囲む森林・林道だったのです。そういう運命だったのです。

◇低コスト追求の終焉

渡部　石油の代わりに森林を利用するという発想は、当時すでにあったのですか？

中村　石炭・石油の化学産業が生まれたのは１８４０年頃で、以後、化石資源原料（天然ガスを含む）以外の発想はありません。しかし、石油から化学技術を用いて製品をつくるのは、必ずしも合理的とはいえません。たとえば合成樹脂つまりプラスチック一つとっても、本来は「コスト」的に見合わないことが明らかになりつつあります。

最初につくられた合成樹脂は、セルロースの分子構造の一部を硝酸で変換した、硝酸セルロースです。パルプに化学薬品を染み込ませて処理すると、可塑性を持つことがわかった。熱をかけたら軟らかくなり、冷えるとまた固まる。そこから生まれたのが合成樹脂、つまりプラスチックです。

渡部　プラスチックはもともと石油でなく、製紙の流れから出てきたのですね。

中村　そうです。そして石油からセルロースをつくるのは、じつは非常に難しいのです。だからコスト的に全然ペイしません。

第1章で述べたように、石油のうち燃料として使うのは50％程度で、あとは別の用途で使われます。その中の一つがプラスチックの原料で、燃料の副産物だから安くできる。そうして化学産業が大きく広がっていったのです。

渡部　一方でパルプからつくるといった自然由来はコストがかかるので、つくられなくなった。それを再び森林、つまり自然由来でつくろうとしているのは、技術が進化したからですか？

中村　それ以上に大きいのが「コスト」の概念の変化です。たとえば原子力発電所のコストを考えるとき、いまは安全管理も含めた形でコストになります。東日本大震災における福島第一原発の事故以来、コストの考え方が変わりました。

同じように生態系というものを人間が理解してきたことで、森林を放置することのリスクに気づきだしたのです。森林の手入れを怠ることで、生態系が変化したり、地盤が軟弱化したりする。さまざまなリスクが生じるので、コストをかけてでも管理しなければならないという考え方に変わってきたのです。

渡部　大量生産・大量消費時代のコストは、一つのものをつくるのにどれだけ原材料費がかかるかだった。そうではなく、「生態系を壊す」「温室効果ガスを排出する」といった、いわば人間にとってデメリットなことまで含めて、コストと考えるようになっている。そこまで考えるなら、じつは自然由来のものを使ったほうが最終的にコストが安い、というわけですね。

中村 安いコストを追求することの限界がわかってきたのです。たとえばユニクロで安く服を買うのは、結局は国内産業を圧迫することになります。また海外の安い労働力を使うと、収奪的な行為であるとして、現地で問題が起きたりする。そういうところが見えてきたら、「ジーンズはユニクロで買わず、岡山県倉敷産のものを買おう」などとなる。

渡部 ただ日本人はそれなりにお金があるから、ユニクロのジーンズではなく倉敷産を選ぶことができますが、世界にはお金のない人もいます。その場合、やはり一つ一つのコストが安い商品を買おうとなりませんか？

中村 お金がなくても、できることはたくさんあります。要は共生型の社会です。近年、お金の価値観だけに頼らない、一種の物々交換のような社会共同体をつくる試みが各地で増えています。

そういう共同体に集まってくる人たちと実際に触れ合ってみると、いま述べたような新しい価値観の流れが生まれているのを感じます。すでに変曲点を越えてる気がします。

そこには現在の化学産業の限界もあるでしょう。すでに述べたように石油の輸入量はどんどん減っています。ＪＸ、エネオスなど石油の元売り会社の名前が昔と変わっているのは、合併によって石油産業の再編が起きているからです。

石油の輸入が減れば、石油を使った化学製品も必然的に減ります。次に再編が起きるのは、石油化学分野です。すでに住友、三菱、三井などでは、グループ会社の石油化学部門を切り離したり、別会社と合併したりしています。このとき森林化学が起爆剤になる可能性もあります。

渡部　石油化学が落ちていくから、森林化学のような違うアプローチの会社が伸びていく可能性があるということですね。たしかに石油コンビナートも、どんどん減っていきます。

中村　千葉県でも、石油化学コンビナートがどんどん閉鎖されています。ただし山口県の周南コンビナートなどは、まだ残っています。山口県と千葉県の距離は、たかだか７００～８００キロぐらいですが、この差が大きいのです。つくった製品を中国や東南アジアに輸出するとき、非常に有利だそうです。

渡部　つまり西のほうは残して、東のほうだけ減らしていく。

中村　集約化が石油化学分野の流れです。そして変化があるということは、新しい化学産業が起こるチャンスでもあります。西の国際指向は「弥生型」、東の国内指向は「縄文型」ってな感じですね。

木材と石油は、どちらも有機化合物です。これらの消費量を熱量単位で表すと、1955年の時点で既に木材よりも石油の熱量のほうが多かったのです。さらにその後オイルショックまでに、石油の需要が25倍伸びたのに対し、木材は2倍までしか伸びなかった。

海外の石油があってこそ化学産業が日本で発展して、いまの豊かな消費社会があります。森林だけで、すべての石油製品に置き換えることはできませんが、そうした中で、どのように森林化学産業を普及させていくかを考えていきたいと思っています。

◇大事なのはダイバーシティ

中村　日本で森林資源は、放っておいてもある程度増えます。これは日本の気候・風土が森林化学産業に適していることでもあります。

渡部　人工林は増えているのですか？

中村　放っておいても木々は伸びるので、高さや太さも加味した蓄積量は増えています。ただし面積としては、それほど増えていません。増やすには、もともと生えていた木を伐って、そこに人工林を植えることになります。ところが、そこに棲んでいる鹿や猪にとって若芽はおいしいから、成長する前に食べてしまう。獣害で育たないのです。

それを防ぐために柵をつくるなどしたら、もうコストが合わない。だから人工林を増やそうという動きは、いまは基本的にありません。どちらかというと少しずつ間伐して、そこに生えてくる広葉樹などを残し、両者が混ざった林にする動きになっています。

渡部　蓄積量は増えているのに、あまり生かされていないのですね。

中村　むしろ荒廃しています。蓄積量が増えることで隣の木と干渉して枯れてしまい、そこに台風で倒れたりしています。

その結果、地面にまで光が入らなかったり、土が剝き出しになったりしている。その土が雨が降ると流れてしまい、その結果、木々の根っこが露出して、また倒れてしまう。京都府宇治市の山でも、10年以上前の集中豪雨で土砂崩れが起き、そのまま放置されているところがあります。

そうした山の木も運んで、できれば京都大学の中にもさとやま化楽工房をつくり、セルロースナノファイバーとかをつくりたい、それを原料にした有機合成化学をやりたいと、思っています。

山には持ち主がわからないものも多く、空き家問題と似ているところもあります。放置しておくとどんどん大変なことになるので、とりあえず伐ることになると思います。実際、山を持っている高齢者には、管理できないから市町村に寄付したいと考えている人が大勢います。管理が大変なので自治体は消極的ですが、現実的には市町村で受け入れ、管理することになると思います。とはいえコストがかかる話なので、さとやま化楽工房をつくり、うまくビジネスにつなげればいいのではないでしょうか。

渡部　これは一種の自給自足経済でもあります。自給自足経済は、日本の国家戦略としても重要です。そこに森林化学産業も含まれるようになれば、意識のあり様も大きく違ってきます。日本文明の形としても、山と海がつながっている循環社会を築いてきた。そんな文明の原点に戻らなければならないという話にもつながります。日本という山が多く、海に囲まれ、雨がたくさん降り、気候も温暖である地域において、どのような循環型の生き方を構築できるか、いま日本人は問われています。

中村　これほど水が潤沢にあり、木が生い茂っている国はほかにないですからね。その意味では、森林化学産業が合っているのです。

渡部　日本だからこそ、できる話でもありますね。国家戦略としても重要なことかもしれません。

中村　『日本書紀』には、日本は「木と米の国」と書いてあります。スサノオが抜いた髭が杉に、眉毛が楠木に、尻の毛がマキに、胸毛が檜になったと。

渡部　以前、廃村を通りかかると、廃村跡に木がいっぱい生えていて、ほとんど森に戻っていました。確かに日本は、何もしなくても木がどんどん生えて、森になる国ですね。

中村　『風の谷のナウシカ』の世界です。じつは人間は何もしなくていいのかもしれない。でも現代社会を生きるわれわれは、それを森林化学産業でやりたいのです。

渡部　逆に人工林で杉やヒノキを植えすぎたため、おかしくなった。そこはきちんと整備する必要があります。

中村　いろんな木が生えている状態です。

渡部　いわばダイバーシティ（多様性）ですね。

中村　ダイバーシティは強さのもとだと、よく言われますよね。だから人工林をつくるにしても、多様性を考える。木を材木としか考えないからダメなのです。材木にするなら、まっすぐ伸びる杉がいいとなる。うねっている広葉樹では使い道がない。でもプラスチックの材料のセルロースにするなら1回溶かすから、どれだけ曲がっていてもいいのですから……。

第7章

産官学に広がる森林化学産業

◇ダイセルとの共同プロジェクト始まる

渡部　第6章では中村先生が提唱された森林化学産業について伺いました。この森林化学産業は、すでに化学会社との協業も始まっているのですね。ここからは森林化学産業の可能性を知るために、他社との協業や官民共同のプロジェクトなどについて伺いたいと思います。

　第5章では、化学産業の会社のダイセルとの事業が始まっているという話がありましたね。

中村　京都府笠置町で、森林化学産業を実装化するための試みを始めています。笠置町は町中を流れる木津川でのカヌーや、巨岩を登るボルダリングなどで有名です。産業としての林業は廃れてしまいましたが、後醍醐天皇が立てこもった場所としても知られ、一時は観光業で賑わっていました。

　とはいえ人口は減少する一途で、われわれが活動を始めた2018年頃は1500人ぐらいいましたが、いまでは1100人に減っています。実際の居住者数は900

人程度と現地の方が仰ってました。人口減少が進む日本は、将来的に８０００万人になるともいわれますが、都市部の人口はあまり変わっていません。減っているのは地方で、そうした事態に真っ先に直面している町々の一つです。

渡部　どのような活動を行っているのですか？

中村　山主さんの協力を得て、切りだした杉やヒノキの木粉を研究所に持って帰ってきて、別の物質に変換させる実験です。

木材は、木質細胞壁でできています。人間が細胞でできているように、木も細胞でできています。木と動物の違いは、細胞壁があるかないかです。動物は細胞膜までしかありませんが、植物は細胞壁があります。

なかでも心材と呼ばれる木の中心部は細胞壁の密集地帯で、この細胞壁がしっかりしているから、木は30メートルも40メートルも伸びることができるのです。化学的に見るとその細胞壁をつくっているのがセルロースとミセルロースとリグニンで、いずれも分子量の大きい生体高分子（ポリマー）、まさに天然「樹脂」です。

細胞壁は分解するのが難しく、放っておくと何千年も残ります。そこにわれわれは触媒を働かせ、分解を加速させるのです。触媒は世話焼きの仲人のように、ある物質とある物質をくっつける一方、分割を早める役割もあります。本来、何千年も変化しない木材を、触媒の作用で早く変化させ、別の物質にするのです。

渡部 硬く離れない分子を、どのように分解していくのですか？

中村 木を電子顕微鏡で見ると、黒くなっている部分があります。これが年輪にあたり、秋から冬にかけて育つ部分です。この時期は温度が低く、日光も少ないので光合成ができず、育ちが悪いのです。この部分は晩材とも呼ばれます。一方、春から夏にかけてグングン育つ部分は早材といい、セルロースがたくさん溜まります。

この晩材と早材を毎年繰り返して、年輪ができます。このときセルロースをくっつける成分がリグニンで、リグニンのおかげで木は化学的に安定なのです。構造的強度はセルロースによるものですが、何千年持つとか、カビに強いといった部分はリグニンというポリマーが担っているのです。

われわれが開発した触媒は、このリグニンに染み込むことがわかっています。リグニンに浸透して、優先的に分解する触媒です。丸太ならともかく、木粉ならオガクズですから、この触媒と過酸化水素を一緒に使うことで、いっきにセルロースになるのです。

過酸化水素水の化学式は、H_2O_2です。水はH_2Oですから、Ｏが一つしか違いません。過酸化水素水のＯが酸化に使われると、残りはH_2Oで水になります。つまり水になるだけで、ゴミが出ないのです。

渡部　もとは木だったものが、化学合成でセルロースと水に変換する。ゴミが出ないのは、いいですね。

中村　ここで他の塩素系の酸化剤や重金属酸化剤を使うと、塩化物などいろいろな廃棄物が出ます。何も残らないのが、過酸化水素水を使う利点です。触媒があるところに過酸化水素水と木粉を混ぜると、木粉がモヤモヤっとふやけて、いつのまにかゲル状になるのです。

渡部　液体状になるのですか？

中村　小さな固体が分散している状態です。もともと木粉の中で固体だったリグニンが水溶液中に溶け出た結果、それをつないでいたセルロースが非常に細かくほぐれる。見た目はマヨネーズとかヤマトノリに近いですが、電子顕微鏡で細かく見ると、じつは繊維の集まりだとわかります。

一般にパルプをつくるときは、１８０度や２００度といった水の沸点を超える高温で反応させる必要がありますが、この方法だと60度ぐらいでも溶かせます。少ないエネルギーですむのでコストが安くすむ利点もあります。

里山の木を使うので、できたセルロースを「さとやまパルプ」「さとやまCNF（セルロースナノファイバー）」などと呼んでいます。これらを身の回りを支える、新素材として使う。たとえばフィラーとして他のプラスチックの強靭化にも使えますし、服やメガネなどもセルロースからつくれます。

また製造の過程で、少し特殊な分子構造を持った化合物が出てきます。これにアルツハイマー病の原因になるタンパク質が脳内に蓄積するのを妨ぐ機能があることがわかっています。

渡部　つまり薬になる。

中村　そう。薬にも展開できます。樹皮から二段階でつくった化合物が、薬にもなるかもしれない。まだ開発段階ですが、これが完成すればコストの問題は完全に解決ですね。

◇林産業×化学産業で目指すゼロカーボン

中村　また、すでに実用化に向けた検討をしているものとして、バイオスティミュラントがあります。京都府井出町にある尾崎林産工業とＴＳＫとも協力して開発しました。

渡部　バイオスティミュラントは、５章で話が出た化合物ですね。このバイオスティミュラントについては、私も関心を持っていて、先日、四季報オンラインのコラムで書いたことがあるのですが、植物や土壌により良い生理状態をもたらす様々な物質や微生物ということですよね。だから畑に撒くと、作物が大きく成長する。ただし植物にとって良い環境ということなので化学肥料とは違う。

中村　樹皮に触媒を入れて分解すると、フルボ酸という腐植物質に似たものができます。小松菜とか植物の成長を促進する効果が確認できてます。

ほかに産官学共同の「ゼロカーボンバイオ産業創出による資源循環共創拠点」というプロジェクトがあります。京都大学工学部工学研究科で生体高分子の研究をしている沼田圭司教授が代表として提案したもので、文科省の下部機関ＪＳＴ（国立研究開発法人科学技術振興機構）に採択されました。京都府と京都大学、さらに島津製作所が幹事企業として参加しています。空気中の二酸化炭素濃度を減らさなければならないという大きな流れの中、資源を循環する世界をつくろうというものです。

京都では、１９９７年に温室効果ガスの排出削減目標を定めた京都議定書が採択されています。そのため環境保護に対する思いが強いのです。また京都は南北に長く、いろいろな地域の課題を抱えています。

そうした中、水産業や農業やものづくり産業などにおいてゼロカーボン化しようというものです。ここでわれわれも林産業とさとやま化楽工房で、ゼロカーボンを目指しています。

渡部　石油化学産業の場合、国策として「一大産業にしていこう」という動きがありました。同じように森林化学産業を国策として推し進める動きはありますか？

中村　経産省の下部機関・ＮＥＤＯ（国立研究開発法人新エネルギー・産業技術総合開発機構）のプロジェクトで、バイオマスを使ったものが非常に増えています。ほかにも、いろいろなところで増えていて、国策でやっていく大きな流れがあります。

ただ昔は霞が関の官僚が「これで行きましょう」と決めて、大きく予算をつけたのに対し、いまはボトムアップ型で、いろいろな人がいろいろ言う中で、「これをやりましょう」などと決まっています。

◇本気だから、国には頼らない

渡部　現状としては、実験的にいろいろ試しているけれど、いっせいにお金をつぎ込んで「この産業を花開かせよう」という流れには、なっていないのですね。

中村　そこは産業観の問題もあります。単に儲ければいいという話か、どれぐらいの人がどの国や地域で幸せになるかまでを考えるか。さらには人間だけ幸せになるのではなく、国土や自然環境まで含めて考えるか。

やはり環境がよくなければ、人は幸せになれない。そこまで考えなければ、新しい産業がどうあるべきかは考えられないと思います。これは「人類はどうあるべきか」につながる話でもあります。

私たち化学者にとって、自分だけが幸せになる研究はあり得ません。自分の研究所はもちろん、同じ分野や同じ国の人など、いろいろな人を幸せにする。できるだけ多くの人が幸せになってほしい。さらにいえば、物質すらも幸せにする。そういう心持ちで研究することで、初めて物質の上に乗っかっている生命である人間もひっくるめて幸せにできる。結局、全部がつながっていて、目の前のパソコンですら幸せにする必要があります。国はそこまでは、なかなか理解してくれません。

渡部　予算ということでは、経産省は半導体開発にかなりの資金を投入しています。これは経済安全保障の意味もあります。ただ、森林化学産業も同じように官僚主体でやろうとすると、うまくいかない気がします。森林産業や国土政策は、経産省以外にも関わる問題ですから。

中村　国交省や農水省も関わってきます。これらが縦割りでやると、難しくなります。そうしたことも含め、森林化学産業はもはや国に頼らず、自分たちで動くほうがいいと思っています。

ダイセルの関係者の方からも、国プロには頼らないと言っています。「われわれは本気だから」と。ダイセルの株価がグングン上がっている理由も、こういった所にあるのだと私は思っています。

渡部　民間の活力で、どんどん新しいビジネスを生みだすのですね。

中村　結果的にそうなると思います。このような考えの人は、ほかにもいます。そういう人たちが少しずつ集まって連携していくことが大事です。

◇金沢大学や東京大学とも連携

渡部　ダイセルは、金沢大学とも一緒に研究していますね。
中村　金沢大学は昔からセルロースをどう使うかといったところで、すごく研究が進んでいます。ただし化学で森林をよくするという発想は、我々が合流して生まれたのだと思います。
　ダイセルは、東京大学とも連携を始めています。東京大学が持っている演習林を使うというもので、小河社長もやる気満々なので、どんどん広がると思います。
渡部　金沢大学の森林化学は、どのようなことをしているのですか？
中村　パルプから取り出したセルロースをイオン液体に溶かして化学品にしたり、金属の吸着剤にして金やレアメタルを集めるといった、よりプロダクト商品に近いモノを生み出しています。

ダイセルは昔からキラルカラムという、医薬品に多い右手と左手の関係にある化合物を分ける技術を持っています。このとき金沢大のセルロースを基材にした分離剤を使っていたので、セルロースの研究は昔から一緒に進めていました。

セルロースは森林からも採れますが、自分たちから森林にアプローチして、森林をよくするといった発想はなかった。そこにわれわれが声をかけて、賛同していただいたのです。

渡部 ほかに森林化学産業に興味を示している会社はありますか？

中村 製紙会社にも講演に行く機会があるので、京大・ダイセル法でつくったセルロースを使ってもらうなど、いろいろ提案していくつもりです。製紙会社にも、「森をよくしよう」と考えている会社はありますから。

渡部 製紙会社も、森の木を伐って紙をつくっていますからね。

中村 それこそ製紙会社が保有する森にアプローチして、一緒に研究・開発することができれば、素晴らしいです。

渡部 森や木に関わる企業が、新規事業としてＴＳＫと連携する。そんな新しいビジネスの流れが生まれるかもしれません。

中村　化学会社と大手製紙会社が連携する手もあります。そうすれば新しい化学産業がいっきに誕生します。たとえばセルロースの雄・ダイセルと、製紙業界トップでかつ民間企業として森林保有面積№１の王子ホールディングスが組めば、間違いなく森林化学産業が発展するきっかけになります。

これは日本だけの話ではありません。たとえばブラジルのパルプ・製紙企業も新しい化学産業のビジネスを狙っています。世界一大きい製紙会社が、化学産業も手掛ける可能性がある。現実にはなかなか進んでいませんが、大きな流れでいえば、いずれそうなります。

化学産業で化石資源を扱っている会社の間では、すでに合併や統合が始まっています。同じ流れは、製紙産業にも波及します。おそらく今後、様々な会社の合従連衡が進むのではないでしょうか。

◇製材所、山主、木こりの三者をつなげていく

渡部　森林化学産業を考えた場合、林業を生業とする会社にもアプローチすることは考え

られませんか？　たとえば住友林業などは有名ですよね。ＴＳＫと住友林業は仕事上のつきあいはあるのですか？

中村　残念ながら現時点ではありません。住友林業の実態は住宅メーカーで、林業ではそんなに稼いでいないようです。林業は社会貢献が中心で、もとの豊かな森を取り戻すという「まなびの森」もその一つです。

渡部　一般的な日本の住宅メーカーにおいて、家の建築などで使う木材は、国内産ではないのですか？

中村　零細な森林組合や林業会社から買うケースが多いようです。日本の企業は戦前にかなり山を買っていました。当時は山に価値がありましたから。ところが木材の輸入を始めてから、日本の木材の価値は10分の１程度に落ちてしまい、投資分がまるまる赤字になってしまったのです。

そうした中、環境破壊の問題が出てきて、大企業で山を持っている会社は環境保全に力を入れるようになったのが、基本的な流れだと思います。

渡部　その意味では山を持っている会社が、山の資源を少しでもお金に換えるために、森林化学産業に参入するということも考えられるのではないでしょうか？

中村　実際、笠置町の山主の方々は、そうした意味で協力してくれました。「この山をなんとか活用したい」という声は広がっていくと思います。

ただ日本の林業と林産業は、あまりつながっていないという現実もあります。日本の製造業の特徴として、バリューチェーン（価値連鎖）全体が、うまくつながっていることが挙げられます。ところが木材の生産流通はまったく違います。山主は木を伐って市場に出すまでしか関わりません。製材所の人は市場から買ってきた丸太を四角い材木にして、メーカーに卸す。メーカーはそれを買って、商品化する。

三者が断絶していて、そこが日本の林産業の弱みにもなっています。たとえばカナダでは政府をあげての林産業複合体のパワーがあり、売り込みをかけてきます。そうした木材を三井物産、三菱商事などの商社が買って、日本の住宅メーカーに卸したりしているのです。

ＴＳＫが林産業の会社とのつきあいが多いのも、そのためです。山主と直接つながるより、林産業とつながるほうが丸太がたくさん集まり、木屑や樹皮を得られる。これを材料にするのです。

林産業の人たちも、本当は山主や木を切る職人とつながりたい。京都府山城地域では製材所の人たちと山で働く人たちの懇親会が開かれたりもしています。いずれ山主たちとの懇親会もできるのではないでしょうか。

また、製材会社の社長自身が山主ということも多く、山をどう活用したらいいか、困っているところがあります。身近な問題だから、そこにつながっていければ、と思っているところです。

◇地域のクリーンセンターを「さとやま化楽工房」に

中村 笠置町には、ツーワイ合成という化学合成会社もあります。この会社とも腐植酸プロジェクトで協力しています。地元の製材所で出たバーク（樹皮廃材）を使ってもらう。

ＴＳＫではラボでの研究もしますが、ツーワイ合成という地場の化学会社やダイセルとともに、スケールアップしながら、産業として成り立つように展開していきたい。そうすればサンプルをいろいろな会社に出せるようになるので、幅も広がっていきます。

セルロースを機能化しているベンチャー企業もたくさんあるので、そういう会社とも連携していく。さらには地域の町長とも連携しながらやっていく。そのためには実際に現地に行くことが大事です。私は先日の日曜日も現地に行き、たまたま町を歩いていた中淳志町長とお話ししました。

この3月で引退するというお話だったので、引退したら町長が所有している山をフィールドにして整備したいとお願いすると、「面白そうだから一緒にやろう」と意気投合しました。

このように仲間を増やしていくのも大事なことです。それをしながら、２０３０年を目標に、さとやま化楽工房の第１号の完成を目指しています。できればそこにバイオマスの発電所もつくる。そのために地域のクリーンセンター（ごみ処理施設）との連携がよいのではと考えています。

山城地域の相楽郡には新設したまま放置されているクリーンセンターがあります。設計か建築ミスがあったそうで稼働してません。勿体ないです。これを復活させて、さとやま化楽工房にできないかと考えているのです。

これを足掛かりに、森林化学のバーチャルコンビナートを日本中につくっていく。

そうすれば日本中で、パルプ・セルロース素材、グルコース、エタノールさらにはSAFのような液体燃料がつくれることになります。これは日本中で、木材から栄養源とエネルギー源を得られることになるという話でもあります。つまり燃料をつくりながら、食料の安全保障も強化できるのです。

◇森林化学産業を世界へ

渡部　ここまで、中村先生のビジョンを伺ってきました。夢のある話で、ぜひ実現してほしいです。ここであらためて基本的なことを伺いますが、森林化学産業という考え方は、世界的にも珍しいのですか？

中村　化学の世界では、木材を活用するための研究は増えています。ただそれを森林の改善や国土の保全につなげようという考えは、あまりありません。この二つは分離していて、つなげて考えるのは、日本ならではだと思います。

渡部　木材やチップを材料にして、プラスチックや燃料をつくるという研究はあるけれど、それを自分たちの山から持ってこようという発想がないということですね。

中村　そうです。自らの国土でやろうと思っている人はあまりいません。

渡部　ブラジルのように熱帯雨林に膨大な数の木が生えている国で、それをうまく活用しながら保全もしつつ、森林化学産業を起こしていくことは可能な気がします。でもそういう発想は、あまりないのでしょうね。

中村　いまはありません。でも、今後は各国で生まれてくることを期待したいです。ブラジルに限らず、ベトナムなど東南アジア各国でも、放っておいても木がどんどん育つような国々に広がっていくと思います。

渡部　やろうと思えばできる。これがヨーロッパなら、ドイツのように森が多い国もある一方、イギリスには森がほとんどないですから。日本やブラジル、東南アジアのように森が広く存在する国では、どんどんやっていけばいい。

中村　アフリカも赤道付近は砂漠ですが、森林地帯もかなりあります。

渡部　同様に森林地帯が広がっているアメリカでもできますね。

中村　アメリカやカナダでも、やろうと思えばできます。

渡部　ただし彼らの場合、もっと安いコストで、石油など他の資源を手に入れる方法があるから、やらないでしょう。

中村　その意味では、森林が山にあって、物質の循環や生態系がコンパクトにつながっている日本こそ、まず始めるべきです。そこで培った技術や経験を、世界に広げていく。

自給自足的で循環型のエネルギー供給やマテリアルの生産ができれば、「わが国でもやりたい」という国が出てきます。そこで「ベトナムさん、一緒にやりましょう」「韓国さん、一緒にやりましょう」などと広げていく。とくに韓国は日本と環境が近く、森林保全にも力を入れていますから、いいと思います。

農業支援の化合物を合成してもいい。物質全部が、何かの助けになり「いのち」とも連関していくことが大事だと思います。森林が活き活きしていて、気持ちがいい。水が美味しい。やはり国土が健全化されているというのは、かけがえのないことですよね。

◇自給自足のモノづくりを唱えた京大化学研究所の創設者

中村　私が在籍している化学研究所は、京都帝国大学工学部の喜多源逸先生がつくったものです。理研コンツェルン（国立研究開発法人理化学研究所の前身）の設立者大河内正敏氏が唱えた「アウタルキー」という概念にそって、まさに自給自足形の産業を目指し大学の基礎研究と社会実装の橋渡しとして生まれました。戦前の日本が海外との軋轢の中で、経済的にブロックされだす1930年頃から唱えられ始めた概念です。

渡部　喜多先生は、どのような方ですか？

中村　1883年に奈良県で生まれ、1903年に第三高等学校、現在の京都大学総合人間部を卒業されています。その後、東京帝国大学に行ってから京都に戻り、1926年に化学研究所を設立します。だからこの研究所は、2026年に設立100周年を迎えるのです。

一方、大河内正敏氏も、戦前に国防資源論を説いていました。「日本を持てる国にするのは日本の科学である。科学は資源を創造し、代用品を得る。資源ならざるものを資源化するのも、また科学である」といった意見を持っていた。私はこの「科学」を「化学」さらには「化楽」と読み解いています。

森林化学産業も、喜多先生のアウタルキーのための化学に収束しています。化学研究所創設者である喜多先生のことを知り、自分が目指す研究の道筋が同じだとわかり、このご縁に驚きました。

渡部　喜多先生の当時のご研究は？

中村　一緒に研究していた桜田一郎先生らとビニロンという人工繊維を発明します。繊維の素としてのセルロース研究や鉄を触媒に使ったフィッシャー・トロプシュ反応や発酵によって液体燃料、すなわち、人工石油をつくる研究をしていました。国内資源を活用する自給自足の経済システム、アウタルキー産業です。

終戦を迎え、アウタルキーの考え方はすっかり忘れ去られました。一方で戦後、石油化学産業が台頭し、日本経済の成長と共に木材も海外から輸入されるようになり、国内の森林は捨ておかれてしまったのです。

私は、当時から100年経った2030年を節目として、もう一度アウタルキーの考え方を復活させたいと思っています。

渡部　なるほど、そういう意味合いもあるのですね。

中村　最初は、まったく気づきませんでした。京大に来て10年経つまで、喜多先生の名前も、アウタルキーという言葉も知りませんでした。ところが気づいてみると、自分が同じ道を辿っていた。

渡部　自給自足という考えは、日本人の価値観にも合いますからね。

中村　当時ドイツでは地政学がはやっていて、自給圏という考え方が生まれます。そこから日本も、大東亜共栄圏を唱え始めました。精神的には八紘一宇、損得勘定だけではありませんが。当時の先生方は、化学や政治学などの側面でドイツの影響を強く受けています。

　地政学的発想は、いまはやっています。グローバリズムに対する反動かもしれません。お金に依存しない社会というのも、同じことだと思います。できるだけお金の必要性をなくした、小さな社会をつくろうというわけです。

渡部　グローバルなサプライチェーンをつくり、世界最適化を目指すといったビジネス戦略は、かなり後退しました。今回のウクライナ戦争によって、世界は完全に分断化されています。

中村　２０１０年代と20年代では、価値観が大きく異なる状況になっています。

渡部　明らかにがらりと変わりました。自分たちの空間の中で自給自足して、うまく回していけるなら、それが最適であると。アメリカはまさに国土の中で全部、自給自足できます。だから強いのです。

中村　ただアメリカは、お金を稼ぐために物資・食料・武器を大量につくって売ったりもしている。これはダメです。喜多先生が目指す自給自足型は、アメリカとはまったく違います。

渡部　この研究所の根本的な存在理由ということで、１００年間ずっとつながっているのですね。

中村　スピリチュアル的にいえば、喜多先生の魂の分霊（わけみたま）と思うぐらい。鉄触媒や森林バイオマス資源に着目し、化学資源革新を唱えるのも、気が付けば「アウタルキー」でした。まさに天命、これをやりきるのが私の使命だと思っているのです。

おわりに

本書をまとめるにあたり、共著者の渡部清二さんに感謝します。

今回の対談は、２０１７年６月、携帯に相談の電話をいれたのが切っ掛けです。３週間後の7月12日に京都で「森林化学産業決起集会」が開かれました。北山さん（ダイセル）、森本さん（山主さん）、磯崎くん（京大助教・当時）、望月くん（建築事務所）、岡田くん（松下政経塾・当時）と渡部さんと私の7名で、5時間超の白熱議論をし、「木を溶かして化学製品にする」というコンセプトを伝えたところ、その夜、次のメールを貰いました。

中村先生の「木を溶かす」というコンセプトのもと集まったこのプロジェクトですが、皆さまと議論していて、このプロジェクトは今まで正しいと思っていた常識（価値観、固定概念、社会システム、政治システム、金融システムなど）を全て溶かして作りかえるということだと感じました。

もっと正しく言えば、日本人が数万年にわたり営々と築いてきた、自然と共生する循環システムを取り戻すことだと思います。

ただしすでに物質社会が出来あがってしまった現在、そのシステムを１００％否定するのも非現実的なため、八百万の神が住む森（木）の力を借りて、既存システムと循環社会を共存させようというのが、「木を溶かす」というコンセプトにつながったのだと感じました。スタジオジブリの「ナウシカ」や「もののけ姫」の世界を、科学（化学）の力で実現しようという壮大なプロジェクトですね。これはノーベル賞ものだと思いますが、そもそもノーベル賞が凄いと思っている固定観念も溶かす必要があるのかもしれません。

まずは第一関門を突破して、このプロジェクトが現実に動き出すことを祈念しています。

今回の対談は、このメールから動き出しました。感謝いたします。

また、１９９０年に有機合成化学の実験を始め、２００６年に京都大学化学研究所で研究室を立ち上げるまで、中村栄一先生（現東京大学特別教授）からは、16年に渡るご指導を頂きました。この間ずっと「化学」と社会、世界との繋がりを考えさせて頂きました。自身の使命に気づかせて頂きました。青木さん、山子さん、江尻さん、面倒見て頂いた先生方、先輩方、ラボの皆さんに感謝申し上げます。

なお、2006年1月に京都への異動直後、江口さん（現東ソー・ファインケム社長）から連絡を頂き、一緒にJSTの助成金に応募しました。「鉄触媒クロスカップリングの産業応用」がテーマでした。この出会いから「化学産業」を常に意識するようになりました。その後、数え切れないくらい多くの企業の方々との多くの共同研究、ディスカッションを通して、化学産業について学ばせて頂きました。皆さまに御礼申し上げます。

大学も含めて学校は双方向教育機関だと痛感します。これまで研究室に合流してくれた教員、研究員、職員、学生さん達、皆さん個性豊かで教えて貰うことが山ほどありました。人種、性別、信条を超えた付き合いが研究活動では可能です。貴いです。時にはモメにモメて議論したりしましたが、これも勲章と、大事にします。

上記のような生活でしたので、妻の和美、息子の悠人には並々ならぬ心労、苦労をかけてきました。御蔭さまで研究を楽しめて、人生を楽しめて、私は今とても倖せです。ありがとう。二人にはもっと倖せになって貰いたい。最後に編集担当の中澤さん。見放すことなく、伴走して頂き本当にありがとうございます。

これまで係わってきたすべて人たち、山川草木、物質エネルギー、そしてそれらを駆動する大自然の摂理に深謝！

２０２４年３月　黄檗にて

中村正治

世界のトップ級シェアを誇る化学産業の会社

コード	企業名	『会社四季報』2024年1集新春号の【特色】欄コメント	東証33業種
3402	東レ	衣料や産業用途の繊維事業が大黒柱。**炭素繊維複合材で世界首位**。電子材料、水処理膜等も有力	繊維製品
3878	巴川コーポレーション	半導体実装用テープや電子部品材料を手がける。機能性シートも多数。**トナー事業で世界首位**	化学
4004	レゾナック・ホールディングス	総合化学メーカー。**電炉用黒鉛電極で首位**。２０年に日立化成買収、半導体材料や自動車部材に力	化学
4046	大阪ソーダ	エポキシ樹脂原料などの基礎化学品や機能化学品を展開。**医薬品精製材料では世界トップ**	化学
4063	信越化学工業	**塩化ビニル樹脂、半導体シリコンウエハで世界首位**。ケイ素樹脂、フォトレジスト等も。好財務	化学
4109	ステラ ケミファ	電子部品用**フッ素高純度薬品で世界首位**。濃縮ホウ素の拡大を目指す。運輸事業も手がける	化学
4114	日本触媒	触媒から出発しアクリル酸で世界２位級、**高吸水性樹脂は世界首位**。電池電解質、化粧品材料も	化学
4186	東京応化工業	半導体製造工程で使われる**フォトレジストで世界首位級**。液晶用や化学薬品、関連装置も展開	化学
4203	住友ベークライト	住友系の樹脂加工大手。**半導体向け封止材料で世界首位**。車向けの高機能樹脂や医療関連製品も	化学
4241	アテクト	**半導体保護資材で世界首位**。衛生検査器材はシャーレ主体。ＰＩＭ（粉末射出成形）事業を育成	医薬品
4368	扶桑化学工業	半導体ウエハ研磨剤で主原料の**超高純度コロイダルシリカ、リンゴ酸で世界シェア首位級**	化学
4527	ロート製薬	一般用医薬品の**目薬で世界首位**。『肌研』が急成長しスキンケアが柱に。アジアなど海外積極進出	化学
4617	中国塗料	塗料３位。**船舶用**は国内シェア６割、**世界２位**。世界２０カ国、約６０拠点で展開。修繕船向けが成長	化学
4626	太陽ホールディングス	プリント配線板の保護膜や半導体実装に用いる**絶縁材インキで世界首位**。医薬品事業も展開	化学
4631	DIC	**インキ世界首位**。樹脂、電子材料等へ展開。液晶材料に続き機能性顔料、高機能インキなど伸ばす	化学
7917	藤森工業	樹脂包装材大手。医薬、食品向けから、電子材料などへ展開。**偏光板用保護フィルムは世界首位**	化学

グローバルニッチトップ企業

コード	企業名	四季報【特色】欄コメント	GNT製品・サービスの名称
3407	旭化成	総合化学企業。ケミカル、住宅が利益の２大柱。繊維、電子部品、医薬・医療機器など事業多彩	再生セルロース繊維キュプラ(ベンベルグ®、ベンリーゼ®)
4027	テイカ	塗料、ＵＶ化粧品向け等酸化チタン大手。界面活性剤は東南アジア進出、医療診断用圧電材料も	医療用超音波画像診断機用セラミックス振動子
4082	第一稀元素化学工業	自動車排ガス浄化触媒、電材向けジルコニウム化合物の首位メーカー。燃料電池用途開発に注力	自動車排ガス浄化触媒用材料
4186	東京応化工業	半導体製造工程で使われるフォトレジストで世界首位級。液晶用や化学薬品、関連装置も展開	半導体製造用フォトレジスト、高純度化学薬品
4216	旭有機材	旭化成系。半導体製造装置向けバルブ軸に高機能樹脂製品を世界展開。水処理・地熱資源開発も	アサヒAVバルブ(プラスチック製バルブ)
4463	日華化学	繊維加工用界面活性剤が主力。工業用、クリーニング用薬剤、美容室向けヘア化粧品事業も展開	人工スウェード用水系ポリウレタンエマルジョン
4970	東洋合成工業	半導体や液晶のフォトレジスト用感光性材料を製造。化成品は高純度溶剤、香料材料などが柱	感光性材料(半導体回路形成に使用されるフォトレジストの主要原料)

2020年6月、経済産業省は、世界市場のニッチ分野で勝ち抜いている企業や、国際情勢の変化の中でサプライチェーン上の重要性を増している部素材等の事業を有する優良な企業など113社を、2020年版「グローバルニッチトップ企業100選」として選定しました(経産省HP)

〔著者略歴〕

渡部 清二(わたなべ・せいじ)

1967年富山生まれ。1986年東京都立西高校水泳部卒。筑波大学第三学群基礎工学類変換工学卒業後、野村證券入社。個人投資家向け資産コンサルティングに10年、機関投資家向け日本株セールスに12年携わる。2016年から「自立した経済人を育てる」ことを目的とした複眼経済塾の代表取締役・塾長。1998年から『会社四季報』の完全読破を開始し24年1集新春号で四季報読破は27年目、105冊となった。会社四季報オンラインでコラム「四季報読破邁進中」を連載。日経CNBCの「複眼流・投資家道中ひざくりげ」で企業の歴史や地域の文化を紹介。近著に『プロ投資家の先を読む思考法』(SBクリエイティブ)、『四季報を100冊読んでわかった投資の極意』『株主総会を楽しみ日本株ブームに乗る方法』(以上、ビジネス社)、『会社四季報の達人が教える10倍株・100倍株の探し方』(東洋経済新報社) など。

〈所属団体・資格〉公益社団法人日本アナリスト協会検定会員、日本FP協会認定AFP、国際テクニカルアナリスト連盟認定テクニカルアナリスト、神社検定1級、日本酒検定1級、唎酒師。

中村正治(なかむら・まさはる)

1967年東京・阿佐ヶ谷生まれ。1986年東京都立西高校水泳部卒、1991年東京理科大学理学部一部応用化学科卒(体育局水泳部神楽坂主将)。1996年東京工業大学大学院理工学研究科化学専攻修了(博士〈理学〉取得)。同年から東京大学理学部化学教室助手・講師・助教授を経て、2006年より京都大学化学研究所附属元素化学国際研究センター教授。その間、Harvard大学Eric N. Jacobsen研究室Visiting professor。2021年7月、㈱TSK[鐵触媒化学]創業、取締役。テーマは次世代有機合成化学の開拓。モットーは“Toward the best synthesis for Better Society”“Find purpose, the means will follow”。

〈受賞〉日本化学会学術賞、有機合成化学協会日産化学賞。

〈所属団体・資格〉日本化学会、米国化学会、英国化学会、有機合成化学協会、触媒学会、森林学会、木材学会、プロセス化学会、近畿化学協会、熊野飛鳥むすびの里(仲間)、京都大学体育会空手道部(部長)、合氣会(初段)、大型二輪免許(愛車はKAWASAKI W800)。

こんなに面白い！日本の化学産業

2024年 5 月 1 日　第 1 版発行

著　者　渡部 清二　中村 正治
発行人　唐津 隆
発行所　株式会社ビジネス社
〒162-0805　東京都新宿区矢来町114番地　神楽坂高橋ビル 5 階
電 話　03(5227)1602（代表）
FAX　03(5227)1603
https://www.business-sha.co.jp

印刷・製本　株式会社光邦
カバーデザイン　中村 聡
本文組版　有限会社メディアネット
編集協力　今井順子
営業担当　山口健志
編集担当　中澤直樹

ISBN978-4-8284-2631-0